TURING 图灵程序设计丛书 数据库系列

MySQL Crash Course

MySQL必知必会

[英] Ben Forta 著

刘晓霞 钟鸣 译

U0258474

人民邮电出版社

北京

图书在版编目（CIP）数据

MySQL 必知必会 /（英）福塔（Forta, B.）著；刘晓霞，
钟鸣译 . —北京：人民邮电出版社，2009.1（2024.5重印）
（图灵程序设计丛书）
书名原文：MySQL Crash Course
ISBN 978-7-115-19112-0

Ⅰ. M… Ⅱ. ①福… ②刘… ③钟 Ⅲ. 关系数据库－数据
库管理系统，MySQL Ⅳ. TP311.138

中国版本图书馆CIP数据核字（2008）第169272号

内 容 提 要

MySQL 是世界上最受欢迎的数据库管理系统之一。本书从介绍简单的数据
检索开始，逐步深入一些复杂的内容，包括联结的使用、子查询、正则表达式
和基于全文本的搜索、存储过程、游标、触发器、表约束，等等。通过重点突
出的章节，条理清晰、系统而扼要地讲述了读者应该掌握的知识，使他们不经
意间"功力大增"。

本书注重实用性，操作性很强，适用于广大软件开发和数据库管理人员学
习参考。

◆ 著 [英] Ben Forta
　 译 刘晓霞 钟 鸣
　 责任编辑 傅志红
　 执行编辑 刘 静

◆ 人民邮电出版社出版发行 北京市丰台区成寿寺路11号
　 邮编 100164 电子邮件 315@ptpress.com.cn
　 网址 https://www.ptpress.com.cn
　 大厂回族自治县聚鑫印刷有限责任公司印刷

◆ 开本：850×1168 1/32
　 印张：8 2009年1月第1版
　 字数：246千字 2024年5月河北第71次印刷
　 著作权合同登记号 图字：01-2008-4295号

定价：49.00元
读者服务热线：(010)84084456-6009 印装质量热线：(010)81055316
反盗版热线：(010)81055315
广告经营许可证：京东市监广登字 20170147 号

版 权 声 明

前　　言

MySQL已经成为世界上最受欢迎的数据库管理系统之一。无论是用在小型开发项目上，还是用来构建那些声名显赫的网站，MySQL都证明了自己是个稳定、可靠、快速、可信的系统，足以胜任任何数据存储业务的需要。

本书基于我的一本畅销书*Sams Teach Yourself SQL in 10 Minutes*（中文版《SQL必知必会》，人民邮电出版社出版），那本书堪称全世界用得最多的一本SQL教程，重点讲解读者必须知道的东西，条理清晰，系统而扼要。但是，即使是那样一本广为使用的成功的书，也还存在着以下这些局限性。

❏ 由于要面向所有主要的数据库管理系统（DBMS），我不得不把针对具体DBMS的内容一再压缩。

❏ 为了简化SQL的讲解，我必须（尽可能）只写各种主要的DBMS通用的SQL语句。这要求我不得不舍弃一些更好的、针对具体DBMS的解决方案。

❏ 虽然基本的SQL在不同的DBMS间具有较好的可移植性，但是高级的SQL显然不是这样的。因此，那本书里无法详细讲解比较高级的内容，如触发器、游标、存储过程、访问控制、事务等。

于是就有了这本书。本书沿用了前一本书业已成功的教程模式和组织结构，除了MySQL以外，不在其他内容上过多纠缠。书从简单的数据检索开始，逐步进入一些复杂的内容，包括联结的使用、子查询、正则表达式和基于全文本的搜索、存储过程、游标、触发器、表约束，等等。通过重点突出的章节，条理清晰、系统而扼要地让读者学到应该学到的知识，使他们不经意间立刻功力大增。

请先到第1章开始学习。读者会立刻体会到MySQL提供的所有好处。

读者对象

本书的读者对象是这样一些人：

❑ 他没有学过SQL；
❑ 他刚开始用MySQL，并希望一举成功；
❑ 他想迅速地、尽可能多地学会使用MySQL；
❑ 他希望学习怎样在自己的应用程序开发中使用MySQL；
❑ 他希望通过使用MySQL轻松快速地提高工作效率，而不用劳烦他人帮忙。

配套网站

本书有一个配套网站，网址是：http://forta.com/books/0672327120/。

读者可以通过该网站访问如下内容：

❑ 表格创建和表格填充的脚本，可用来创建书中使用的样例表；
❑ 在线支持论坛；
❑ 在线勘误（如果发现了勘误的话）；
❑ 或许他会感兴趣的其他书。

本书约定

本书使用不同的字体区分代码和一般正文内容，对于重要的概念也采用特殊的字体。

键入的文本和屏幕上显示出的文本用等宽代码字体表示。如：`It looks like this to mimic the way text looks on your screen.`

一行代码最前面如果出现箭头（➡）表示该行代码较长，书中一行放不下。读者录入时需要把这一行的内容紧接着上一行输入。

 说明：表示跟上下文的内容相关的一些有意思的信息。

 提示：提供建议，教读者用容易的办法完成某项任务。

 注意：向读者提示可能出现的问题，避免不必要的麻烦。

 新术语，提供新的基本词汇的清晰定义。

3

输入 表示读者自己键入的代码。通常出现在程序清单的旁边。

输出 表示运行MySQL代码后得到的结果，通常出现在程序清单之后。

分析 告诉读者这是作者对输入或输出的逐行分析。

4

致　谢

首先，我要感谢Sams出版公司的伙伴们，他们再一次给了我灵活的自由度，让我把书写成我认为合适的样子。谢谢Mark Renfrow提供的关于本书和前面几本书的反馈意见。特别感谢Loretta Yates不仅在中途勇敢地介入到出版过程中，使其回归正轨，继续进行，而且还果断地签署了本系列书中后两部书籍的出版合约。

谢谢Jochem van Dieten和Timothy Boronczyk这两位技术编辑，他们对书稿进行了出色的技术审查。余下的那些"错误"都是我"故意"犯的，就是想看看读者们有没有注意到。:-)

最后，本书是应《SQL必知必会》读者的请求编写的。那本书收到了很多极有价值的反馈意见和建议，在此我深表谢意。谢谢大家，我希望自己达到了大家的期望。

目　录

第1章

了解SQL

本章将介绍数据库和SQL，它们是学习MySQL的先决条件。

1.1 数据库基础

你正在阅读本书，这表明你需要以某种方式与数据库打交道。在深入学习MySQL及其SQL语言的实现之前，应该对数据库及数据库技术的某些基本概念有所了解。

你可能还没有意识到，其实你自己一直在使用数据库。每当你从自己的电子邮件地址簿里查找名字时，你就在使用数据库。如果你在某个因特网搜索站点上进行搜索，也是在使用数据库。如果你在工作中登录网络，也需要依靠数据库验证自己的名字和密码。即使是在自动取款机上使用ATM卡，也要利用数据库进行PIN码验证和余额检查。

虽然我们一直都在使用数据库，但对究竟什么是数据库并不十分清楚。特别是不同的人可能会使用相同的数据库术语表示不同的事物，更加剧了这种混乱。因此，我们学习的良好切入点就是给出一张最重要的数据库术语清单，并加以说明。

 基本概念回顾 下面是某些基本数据库概念的简要介绍。如果你已经具有一定的数据库经验，这可以用于复习巩固；如果你是一个数据库新手，这将给你提供一些必需的基本知识。理解数据库是掌握MySQL的一个重要部分，如果有必要的话，你应该参阅一些有关数据库基础知识的书籍[①]。

---

① 推荐人民邮电出版社出版的由Kifer、Bernstein和Lewis合著的《数据库系统：面向应用的方法》或Elmasri和Navathe合著的《数据库系统基础》。——编者注

1.1.1　什么是数据库

数据库这个术语的用法很多，但就本书而言，数据库是一个以某种有组织的方式存储的数据集合。理解数据库的一种最简单的办法是将其想象为一个文件柜。此文件柜是一个存放数据的物理位置，不管数据是什么以及如何组织的。

　数据库（database）　保存有组织的数据的容器（通常是一个文件或一组文件）。

　误用导致混淆　人们通常用数据库这个术语来代表他们使用的数据库软件。这是不正确的，它是引起混淆的根源。确切地说，数据库软件应称为DBMS（数据库管理系统）。数据库是通过DBMS创建和操纵的容器。数据库可以是保存在硬设备上的文件，但也可以不是。在很大程度上说，数据库究竟是文件还是别的什么东西并不重要，因为你并不直接访问数据库；你使用的是DBMS，它替你访问数据库。

1.1.2　表

在你将资料放入自己的文件柜时，并不是随便将它们扔进某个抽屉就完事了，而是在文件柜中创建文件，然后将相关的资料放入特定的文件中。

在数据库领域中，这种文件称为表。表是一种结构化的文件，可用来存储某种特定类型的数据。表可以保存顾客清单、产品目录，或者其他信息清单。

　表（table）　某种特定类型数据的结构化清单。

6

这里关键的一点在于，存储在表中的数据是一种类型的数据或一个清单。决不应该将顾客的清单与订单的清单存储在同一个数据库表中。这样做将使以后的检索和访问很困难。应该创建两个表，每个清单一个表。

数据库中的每个表都有一个名字，用来标识自己。此名字是唯一的，这表示数据库中没有其他表具有相同的名字。

表名 表名的唯一性取决于多个因素，如数据库名和表名等的结合。这表示，虽然在相同数据库中不能两次使用相同的表名，但在不同的数据库中却可以使用相同的表名。

表具有一些特性，这些特性定义了数据在表中如何存储，如可以存储什么样的数据，数据如何分解，各部分信息如何命名，等等。描述表的这组信息就是所谓的模式，模式可以用来描述数据库中特定的表以及整个数据库（和其中表的关系）。

模式（schema） 关于数据库和表的布局及特性的信息。

是模式还是数据库? 有时，模式用作数据库的同义词。遗憾的是，模式的含义通常在上下文中并不是很清晰。本书中，模式指的是上面给出的定义。

1.1.3 列和数据类型

表由列组成。列中存储着表中某部分的信息。

7

列（column） 表中的一个字段。所有表都是由一个或多个列组成的。

理解列的最好办法是将数据库表想象为一个网格。网格中每一列存储着一条特定的信息。例如，在顾客表中，一个列存储着顾客编号，另一个列存储着顾客名，而地址、城市、州以及邮政编码全都存储在各自的列中。

分解数据 正确地将数据分解为多个列极为重要。例如，城市、州、邮政编码应该总是独立的列。通过把它分解开，才有可能利用特定的列对数据进行排序和过滤（如，找出特定州或特定城市的所有顾客）。如果城市和州组合在一个列中，则按州进行排序或过滤会很困难。

　　数据库中每个列都有相应的数据类型。数据类型定义列可以存储的数据种类。例如，如果列中存储的为数字（或许是订单中的物品数），则相应的数据类型应该为数值类型。如果列中存储的是日期、文本、注释、金额等，则应该用恰当的数据类型规定出来。

　　数据类型（datatype）　所容许的数据的类型。每个表列都有相应的数据类型，它限制（或容许）该列中存储的数据。

　　数据类型限制可存储在列中的数据种类（例如，防止在数值字段中录入字符值）。数据类型还帮助正确地排序数据，并在优化磁盘使用方面起重要的作用。因此，在创建表时必须对数据类型给予特别的关注。

1.1.4　行

　　表中的数据是按行存储的，所保存的每个记录存储在自己的行内。如果将表想象为网格，网格中垂直的列为表列，水平行为表行。

　　例如，顾客表可以每行存储一个顾客。表中的行数为记录的总数。

　　行（row）　表中的一个记录。

　　是记录还是行？　你可能听到用户在提到行（row）时称其为数据库记录（record）。在很大程度上，这两个术语是可以互相替代的，但从技术上说，行才是正确的术语。

1.1.5　主键

　　表中每一行都应该有可以唯一标识自己的一列（或一组列）。一个顾客表可以使用顾客编号列，而订单表可以使用订单ID，雇员表可以使用雇员ID或雇员社会保险号。

　　主键（primary key）[①]　一列（或一组列），其值能够唯一区分表中每个行。

---

① 全国科学技术名词审定委员会审定的key在数据库中的对应名词为"键码"或"码"，本书采用了已约定俗成的"键"，请读者注意。——编者注

唯一标识表中每行的这个列（或这组列）称为主键。主键用来表示一个特定的行。没有主键，更新或删除表中特定行很困难，因为没有安全的方法保证只涉及相关的行。

9

 应该总是定义主键 虽然并不总是都需要主键，但大多数数据库设计人员都应保证他们创建的每个表具有一个主键，以便于以后的数据操纵和管理。

表中的任何列都可以作为主键，只要它满足以下条件：

❑ 任意两行都不具有相同的主键值；
❑ 每个行都必须具有一个主键值（主键列不允许NULL值）。

 主键值规则 这里列出的规则是MySQL本身强制实施的。

主键通常定义在表的一列上，但这并不是必需的，也可以一起使用多个列作为主键。在使用多列作为主键时，上述条件必须应用到构成主键的所有列，所有列值的组合必须是唯一的（但单个列的值可以不唯一）。

 主键的最好习惯 除MySQL强制实施的规则外，应该坚持的几个普遍认可的最好习惯为：

❑ 不更新主键列中的值；
❑ 不重用主键列的值；
❑ 不在主键列中使用可能会更改的值。（例如，如果使用一个名字作为主键以标识某个供应商，当该供应商合并和更改其名字时，必须更改这个主键。）

还有一种非常重要的键，称为外键，我们将在第15章中介绍。

10

1.2 什么是SQL

SQL（发音为字母S-Q-L或sequel）是结构化查询语言（Structured Query Language）的缩写。SQL是一种专门用来与数据库通信的语言。

与其他语言（如，英语以及Java和Visual Basic这样的程序设计语言）不一样，SQL由很少的词构成，这是有意而为的。设计SQL的目的是很好地完成一项任务，即提供一种从数据库中读写数据的简单有效的方法。

SQL有如下的优点。

❑ SQL不是某个特定数据库供应商专有的语言。几乎所有重要的DBMS都支持SQL，所以，学习此语言使你几乎能与所有数据库打交道。

❑ SQL简单易学。它的语句全都是由描述性很强的英语单词组成，而且这些单词的数目不多。

❑ SQL尽管看上去很简单，但它实际上是一种强有力的语言，灵活使用其语言元素，可以进行非常复杂和高级的数据库操作。

 DBMS专用的SQL SQL不是一种专利语言，而且存在一个标准委员会，他们试图定义可供所有DBMS使用的SQL语法，但事实上任意两个DBMS实现的SQL都不完全相同。本书讲授的SQL是专门针对MySQL的，虽然书中所讲授的多数语法也适用于其他DBMS，但不要认为这些SQL语法是完全可移植的。

1.3 动手实践

11

本书所有章节都采用可上机运行的例子来说明SQL语法，它的功能是什么，为什么起这样的作用。作者强烈建议读者试验每个例子，以便掌握MySQL的第一手资料。

附录B描述了本书中使用的样例表，说明如何获得和安装它们。如果你还没有获得和安装它们，请在继续学习前先学习这个附录。

 你需要MySQL 显然，你需要能访问某个MySQL副本，以便学习本书的内容。附录A说明了在何处获得MySQL的副本，并提供一定的入门指导。如果你已经能访问某个MySQL副本，在继续学习之前，也请阅读该附录。

1.4　小结

　　这一章介绍了什么是SQL以及它为什么很有用。因为SQL是用来与数据库打交道的，所以，我们也复习了一些基本的数据库术语。

12

第2章

MySQL简介

本章将介绍什么是MySQL，以及在MySQL中可以应用什么工具。

2.1 什么是MySQL

我们在前一章中介绍了数据库和SQL。正如所述，数据的所有存储、检索、管理和处理实际上是由数据库软件——DBMS（数据库管理系统）完成的。MySQL是一种DBMS，即它是一种数据库软件。

MySQL已经存在很久了，它在世界范围内得到了广泛的安装和使用。为什么有那么多的公司和开发人员使用MySQL？以下列出其原因。

- ❑ 成本——MySQL是开放源代码的，一般可以免费使用（甚至可以免费修改）。
- ❑ 性能——MySQL执行很快（非常快）。
- ❑ 可信赖——某些非常重要和声望很高的公司、站点使用MySQL，这些公司和站点都用MySQL来处理自己的重要数据。
- ❑ 简单——MySQL很容易安装和使用。

事实上，MySQL受到的唯一真正的批评是它并不总是支持其他DBMS提供的功能和特性。然而，这一点也正在逐步得到改善，MySQL的各个新版本正不断增加新特性、新功能。

2.1.1 客户机-服务器软件

DBMS可分为两类：一类为基于共享文件系统的DBMS，另一类为基于客户机-服务器的DBMS。前者（包括诸如Microsoft Access和FileMaker）

用于桌面用途，通常不用于高端或更关键的应用。

MySQL、Oracle以及Microsoft SQL Server等数据库是基于客户机-服务器的数据库。客户机-服务器应用分为两个不同的部分。服务器部分是负责所有数据访问和处理的一个软件。这个软件运行在称为数据库服务器的计算机上。

与数据文件打交道的只有服务器软件。关于数据、数据添加、删除和数据更新的所有请求都由服务器软件完成。这些请求或更改来自运行客户机软件的计算机。客户机是与用户打交道的软件。例如，如果你请求一个按字母顺序列出的产品表，则客户机软件通过网络提交该请求给服务器软件。服务器软件处理这个请求，根据需要过滤、丢弃和排序数据；然后把结果送回到你的客户机软件。

有多少计算机？ 客户机和服务器软件可能安装在两台计算机或一台计算机上。不管它们在不在相同的计算机上，为进行所有数据库交互，客户机软件都要与服务器软件进行通信。

所有这些活动对用户都是透明的。数据存储在别的地方，或者数据库服务器为你完成这个处理这一事实是隐藏的。你不需要直接访问数据文件。事实上，多数网络的建立使用户不具有对数据的访问权，甚至不具有对存储数据的驱动器的访问权。

这样的意义何在？因为为了使用MySQL，你需要访问运行MySQL服务器软件的计算机和发布命令到MySQL的客户机软件的计算机。

14

❑ 服务器软件为MySQL DBMS。你可以在本地安装的副本上运行，也可以连接到运行在你具有访问权的远程服务器上的一个副本。

❑ 客户机可以是MySQL提供的工具、脚本语言（如Perl）、Web应用开发语言（如ASP、ColdFusion、JSP和PHP）、程序设计语言（如C、C++、Java）等。

2.1.2 MySQL版本

客户机工具稍后介绍。我们先简要介绍DBMS版本。

MySQL的当前版本为版本5①（虽然许多公司正在使用MySQL 3和4）。下面是最近版本中引入的主要更改。

- ❑ 4——InnoDB引擎，增加事务处理（第26章）、并（第17章）、改进全文本搜索（第18章）等的支持。
- ❑ 4.1——对函数库、子查询（第14章）、集成帮助等的重要增加。
- ❑ 5——存储过程（第23章）、触发器（第25章）、游标（第24章）、视图（第22章）等。

版本4.1和版本5对MySQL增加了重要的功能，本书中涵盖了这些功能的大多数。

使用4.1或更高版本 MySQL 4.1对MySQL函数库引入了重要更改，本书是为使用此版本或更高版本而撰写的。多数内容实际上也适用于MySQL 3和4，不过许多例子在这两个版本中不工作。

15

版本要求说明 如果某章针对具体某个MySQL版本，则将在该章开始处明确说明。

2.2 MySQL工具

如前所述，MySQL是一个客户机-服务器DBMS，因此，为了使用MySQL，需要有一个客户机，即你需要用来与MySQL打交道（给MySQL提供要执行的命令）的一个应用。

有许多客户机应用可供选择，但在学习MySQL（确切地说，在编写和测试MySQL脚本时），最好是使用专门用途的实用程序。特别是有3个工具需要提及。

---

① 目前最新的稳定版本为5.1。——编者注

2.2.1 mysql命令行实用程序

每个MySQL安装都有一个名为mysql的简单命令行实用程序。这个实用程序没有下拉菜单、流行的用户界面、鼠标支持或任何类似的东西。

在操作系统命令提示符下输入mysql将出现一个如下的简单提示：

```
Welcome to the MySQL monitor.  Commands end with ; or \g.
Your MySQL connection id is 14 to server version: 5.0.4-nt
Type 'help;' or '\h' for help. Type '\c' to clear the buffer.
mysql>
```

 MySQL选项和参数　如果仅输入mysql，可能会出现一个错误消息。因为可能需要安全证书，或者是因为MySQL没有运行在本地或默认端口上。mysql接受你可以（和可能需要）使用的一组命令行参数。例如，为了指定用户登录名ben，应该使用mysql -u ben。为了给出用户名、主机名、端口和口令，应该使用mysql -u ben -p -h myserver -P 9999。

完整的命令行选项和参数列表可用mysql --help获得。

当然，具体的版本和连接信息可能不同，但都可以使用这个实用程序。请注意：

❑ 命令输入在mysql>之后；
❑ 命令用;或\g结束，换句话说，仅按Enter不执行命令；
❑ 输入help或\h获得帮助，也可以输入更多的文本获得特定命令的帮助（如，输入help select获得使用SELECT语句的帮助）；
❑ 输入quit或exit退出命令行实用程序。

mysql命令行实用程序是使用最多的实用程序之一，它对于快速测试和执行脚本（如前一章和附录B中的样例表创建和填充脚本）非常有价值。事实上，本书中使用的所有输出例子都是从mysql命令行输出中抓取的。

熟悉mysql命令行实用程序 即使你选择使用后面描述的某个图形工具，也应该保证熟悉mysql命令行实用程序，因为它是你可以安全地依靠的一个总是会被给出的客户机(因为它是核心MySQL安装的一部分)。

2.2.2 MySQL Administrator

MySQL Administrator（MySQL管理器）是一个图形交互客户机，用来简化MySQL服务器的管理。

 获得MySQL Administrator MySQL Administrator不作为核心MySQL 的 组 成 部 分 安 装。 必 须 从 http://dev.mysql.com/downloads/下载它（可得到用于Linux、Mac OS X和Windows的版本，其源代码也可以下载）。

MySQL Administrator提示输入服务器和登录信息（并且允许你保存服务器定义供以后选择），然后显示允许选择不同视图的图标。其中：

❑ Server Information（服务器信息）显示客户机和被连接的服务器的状态和版本信息；
❑ Service Control（服务控制）允许停止和启动MySQL以及指定服务器特性；
❑ User Administration（用户管理）用来定义MySQL用户、登录和权限；
❑ Catalogs（目录）列出可用的数据库并允许创建数据库和表。

 为本书创建数据源 可以使用Create New Schema选项为本书的表和各章节创建一个数据源。书中各个例子使用一个名为crashcourse的数据源，你可以使用这个名字，也可以使用自己选择的名字。

快速访问其他工具 MySQL Administrator工具菜单包含有启动mysql命令行实用程序(前面描述)和MySQL Query Browser (MySQL查询浏览器)(下面描述)的选项。

MySQL Query Browser也包含启动mysql命令行实用程序和MySQL Administrator的菜单选项。

18

2.2.3 MySQL Query Browser

MySQL Query Browser为一个图形交互客户机,用来编写和执行MySQL命令。

获得MySQL Query Browser 与MySQL Administrator一样,MySQL Query Browser不作为核心MySQL安装的成分。也必须从http://dev.mysql.com/downloads/下载它(可得到用于Linux、Mac OS X和Windows的版本,其源代码也可以下载)。

MySQL Query Browser要求输入服务器和登录信息(在MySQL Query Browser和MySQL Administrator之间共享保存的定义),然后显示应用界面。注意下面几点。

❑ 输入MySQL命令到屏幕顶上的窗口中。在输入语句后,单击Execute按钮把它提交给MySQL处理。

❑ 结果(如果有)显示在屏幕左边的大区域网格中。

❑ 多条语句和结果显示在它们自己的标签中,并且允许快速切换。

❑ 屏幕右边是一个标签,它列出所有可能的数据源(这里称为大纲),展开任一数据源查看它的表,展开任一个表查看它的列。

❑ 你还可以选择表和列让MySQL Query Browser为你编写MySQL语句。

❑ Schemata(大纲)标签的右边是一个History(历史)标签,它保持MySQL语句的执行历史。在需要测试不同版本的MySQL语句时,它非常有用。

❑ 关于MySQL语法、函数等的帮助可在屏幕右下角得到。

19

执行保存的脚本　可用MySQL Query Browser执行保存的脚本（如用来创建和填充本书中使用的表的脚本）。为执行保存的脚本，请选择File，Open Script，选择相应的脚本（它将显示在一个新标签中），然后单击Execute按钮。

2.3　小结

本章介绍了什么是MySQL，并引入了几个客户机实用程序（一个命令行实用程序，两个可选但强烈建议使用的图形实用程序）。

20

第3章

使用MySQL

本章将学习如何连接和登录到MySQL，如何执行MySQL语句，以及如何获得数据库和表的信息。

3.1 连接

在具有可供使用的MySQL DBMS和客户机软件之后，有必要简要讨论一下如何连接到数据库。

MySQL与所有客户机-服务器DBMS一样，要求在能执行命令之前登录到DBMS。登录名可以与网络登录名不相同（假定你使用网络）。MySQL在内部保存自己的用户列表，并且把每个用户与各种权限关联起来。

在最初安装MySQL时，很可能会要求你输入一个管理登录（通常为root）和一个口令。如果你使用的是自己的本地服务器，并且是简单地试验一下MySQL，使用上述登录就可以了。但现实中，管理登录受到密切保护（因为对它的访问授予了创建表、删除整个数据库、更改登录和口令等完全的权限）。

 使用MySQL Administrator MySQL Administrator Users视图提供了一个简单的界面，可用来定义新用户，包括赋予口令和访问权限。

为了连接到MySQL，需要以下信息：

❑ 主机名（计算机名）——如果连接到本地MySQL服务器，为localhost；

❑ 端口（如果使用默认端口3306之外的端口）；

❑ 一个合法的用户名；

❑ 用户口令（如果需要）。

如第2章所述，所有这些信息都可以传递给mysql命令行实用程序，或输入到MySQL Administrator和MySQL Query Browser的服务器连接屏幕。

 使用其他客户机 如果你使用的客户机不是这里提到的客户机，则为了连接到MySQL，仍然需要提供上述信息。

在连接之后，你就可以访问你的登录名能够访问的任意数据库和表了。（登录、访问控制和安全可参阅第28章。）

3.2 选择数据库

在你最初连接到MySQL时，没有任何数据库打开供你使用。在你能执行任意数据库操作前，需要选择一个数据库。为此，可使用USE关键字。

 关键字(key word) 作为MySQL语言组成部分的一个保留字。决不要用关键字命名一个表或列。附录E列出了MySQL的关键字。

例如，为了使用crashcourse数据库，应该输入以下内容：

输入

```
USE crashcourse;
```

输出

```
Database changed
```

分析 USE语句并不返回任何结果。依赖于使用的客户机，显示某种形式的通知。例如，这里显示出的Database changed消息是mysql命令行实用程序在数据库选择成功后显示的。

 使用MySQL Query Browser 在MySQL Query Browser中，双击Schemata列表中列出的任一数据库以使用它。你看不到USE命令的实际执行，但会看到被选择的数据库（黑体加亮），而且应用标题栏将显示所选择的数据库名。

记住，必须先使用USE打开数据库，才能读取其中的数据。

22

3.3　了解数据库和表

如果你不知道可以使用的数据库名时怎么办？这时，MySQL Administrator和MySQL Query Browser怎样能显示可用的数据库列表？

数据库、表、列、用户、权限等的信息被存储在数据库和表中（MySQL使用MySQL来存储这些信息）。不过，内部的表一般不直接访问。可用MySQL的SHOW命令来显示这些信息（MySQL从内部表中提取这些信息）。请看下面的例子：

23

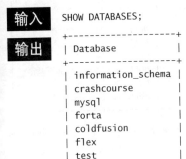

```
SHOW DATABASES;
+--------------------+
| Database           |
+--------------------+
| information_schema |
| crashcourse        |
| mysql              |
| forta              |
| coldfusion         |
| flex               |
| test               |
+--------------------+
```

分析　SHOW DATABASES;返回可用数据库的一个列表。包含在这个列表中的可能是MySQL内部使用的数据库（如例子中的mysql和information_schema）。当然，你自己的数据库列表可能看上去与这里的不一样。

为了获得一个数据库内的表的列表，使用SHOW TABLES;，如下所示：

```
SHOW TABLES;
+----------------------+
| Tables_in_crashcourse |
+----------------------+
| customers            |
| orderitems           |
| orders               |
| products             |
| productnotes         |
| vendors              |
+----------------------+
```

SHOW TABLES;返回当前选择的数据库内可用表的列表。

24   SHOW也可以用来显示表列：

输入
输出

```
SHOW COLUMNS FROM customers;
```

```
+--------------+-----------+------+-----+---------+----------------+
| Field        | Type      | Null | Key | Default | Extra          |
+--------------+-----------+------+-----+---------+----------------+
| cust_id      | int(11)   | NO   | PRI | NULL    | auto_increment |
| cust_name    | char(50)  | NO   |     |         |                |
| cust_address | char(50)  | YES  |     | NULL    |                |
| cust_city    | char(50)  | YES  |     | NULL    |                |
| cust_state   | char(5)   | YES  |     | NULL    |                |
| cust_zip     | char(10)  | YES  |     | NULL    |                |
| cust_country | char(50)  | YES  |     | NULL    |                |
| cust_contact | char(50)  | YES  |     | NULL    |                |
| cust_email   | char(255) | YES  |     | NULL    |                |
+--------------+-----------+------+-----+---------+----------------+
```

 SHOW COLUMNS 要求给出一个表名（这个例子中的 FROM customers），它对每个字段返回一行，行中包含字段名、数据类型、是否允许NULL、键信息、默认值以及其他信息（如字段cust_id的auto_increment）。

> **什么是自动增量?**　某些表列需要唯一值。例如，订单编号、雇员ID或（如上面例子中所示的）顾客ID。在每个行添加到表中时，MySQL可以自动地为每个行分配下一个可用编号，不用在添加一行时手动分配唯一值（这样做必须记住最后一次使用的值）。这个功能就是所谓的自动增量。如果需要它，则必须在用CREATE语句创建表时把它作为表定义的组成部分。我们将在第21章中介绍CREATE语句。

> **DESCRIBE语句**　MySQL支持用DESCRIBE作为SHOW COLUMNS FROM的一种快捷方式。换句话说，DESCRIBE customers;是SHOW COLUMNS FROM customers;的一种快捷方式。

25

所支持的其他SHOW语句还有：

- ❏ SHOW STATUS，用于显示广泛的服务器状态信息；
- ❏ SHOW CREATE DATABASE和SHOW CREATE TABLE，分别用来显示创建特定数据库或表的MySQL语句；
- ❏ SHOW GRANTS，用来显示授予用户（所有用户或特定用户）的安全权限；
- ❏ SHOW ERRORS和SHOW WARNINGS，用来显示服务器错误或警告消息。

值得注意的是，客户机应用程序使用与这里相同的MySQL命令。显示数据库和表的交互式列表、允许交互式创建和编辑表、便于数据录入和编辑或允许管理用户账号和权限等的应用全都使用你可以直接执行的相同的MySQL命令完成它们的工作。

进一步了解SHOW 请在mysql命令行实用程序中，执行命令 HELP SHOW;显示允许的SHOW语句。

MySQL 5的新增内容 MySQL 5支持一个新的INFORMA-TION_SCHEMA命令，可用它来获得和过滤模式信息。

3.4 小结

本章介绍了如何连接和登录MySQL，如何用USE选择数据库，如何用SHOW查看MySQL数据库、表和内部信息。在这些知识的帮助下，我们可以进一步深入学习所有重要的SELECT语句了。

26

第4章

检 索 数 据

本章将介绍如何使用SELECT语句从表中检索一个或多个数据列。

4.1 SELECT语句

正如第1章所述，SQL语句是由简单的英语单词构成的。这些单词称为关键字，每个SQL语句都是由一个或多个关键字构成的。大概，最经常使用的SQL语句就是SELECT语句了。它的用途是从一个或多个表中检索信息。

为了使用SELECT检索表数据，必须至少给出两条信息——想选择什么，以及从什么地方选择。

4.2 检索单个列

我们将从简单的SQL SELECT语句开始介绍，此语句如下所示：

输入
```
SELECT prod_name
FROM products;
```

分析 上述语句利用SELECT语句从products表中检索一个名为prod_name的列。所需的列名在SELECT关键字之后给出，FROM关键字指出从其中检索数据的表名。此语句的输出如下所示：

输出
```
+-----------------+
| prod_name       |
+-----------------+
| .5 ton anvil    |
| 1 ton anvil     |
| 2 ton anvil     |
```

```
| Oil can          |
| Fuses            |
| Sling            |
| TNT (1 stick)    |
| TNT (5 sticks)   |
| Bird seed        |
| Carrots          |
| Safe             |
| Detonator        |
| JetPack 1000     |
| JetPack 2000     |
+------------------+
```

未排序数据　如果读者自己试验这个查询，可能会发现显示输出的数据顺序与这里的不同。出现这种情况很正常。如果没有明确排序查询结果（下一章介绍），则返回的数据的顺序没有特殊意义。返回数据的顺序可能是数据被添加到表中的顺序，也可能不是。只要返回相同数目的行，就是正常的。

　　如上的一条简单 SELECT 语句将返回表中所有行。数据没有过滤（过滤将得出结果集的一个子集），也没有排序。以后几章将讨论这些内容。

结束 SQL 语句　多条 SQL 语句必须以分号（；）分隔。MySQL如同多数 DBMS 一样，不需要在单条 SQL 语句后加分号。但特定的 DBMS 可能必须在单条 SQL 语句后加上分号。当然，如果愿意可以总是加上分号。事实上，即使不一定需要，但加上分号肯定没有坏处。如果你使用的是 mysql 命令行，必须加上分号来结束 SQL 语句。

28

SQL 语句和大小写　请注意，SQL 语句不区分大小写，因此SELECT 与 select 是相同的。同样，写成 Select 也没有关系。许多 SQL 开发人员喜欢对所有 SQL 关键字使用大写，而对所有列和表名使用小写，这样做使代码更易于阅读和调试。

不过，一定要认识到虽然SQL是不区分大小写的，但有些标识符（如数据库名、表名、列名）可能不同：在MySQL 4.1及之前的版本中，这些标识符默认是区分大小写的；在MySQL 4.1.1版本中，这些标识符默认是不区分大小写的。

最佳方式是按照大小写的惯例，且使用时保持一致。

 使用空格　在处理SQL语句时，其中所有空格都被忽略。SQL语句可以在一行上给出，也可以分成许多行。多数SQL开发人员认为将SQL语句分成多行更容易阅读和调试。

4.3　检索多个列

　　要想从一个表中检索多个列，使用相同的SELECT语句。唯一的不同是必须在SELECT关键字后给出多个列名，列名之间必须以逗号分隔。

 当心逗号　在选择多个列时，一定要在列名之间加上逗号，但最后一个列名后不加。如果在最后一个列名后加了逗号，将出现错误。

29

　　下面的SELECT语句从products表中选择3列：

输入
```
SELECT prod_id, prod_name, prod_price
FROM products;
```

分析　与前一个例子一样，这条语句使用SELECT语句从表products中选择数据。在这个例子中，指定了3个列名，列名之间用逗号分隔。此语句的输出如下：

输出
```
+---------+----------------+------------+
| prod_id | prod_name      | prod_price |
+---------+----------------+------------+
| ANV01   | .5 ton anvil   |       5.99 |
| ANV02   | 1 ton anvil    |       9.99 |
| ANV03   | 2 ton anvil    |      14.99 |
| OL1     | Oil can        |       8.99 |
```

```
|  FU1     |  Fuses          |      3.42 |
|  SLING   |  Sling          |      4.49 |
|  TNT1    |  TNT (1 stick)  |      2.50 |
|  TNT2    |  TNT (5 sticks) |     10.00 |
|  FB      |  Bird seed      |     10.00 |
|  FC      |  Carrots        |      2.50 |
|  SAFE    |  Safe           |     50.00 |
|  DTNTR   |  Detonator      |     13.00 |
|  JP1000  |  JetPack 1000   |     35.00 |
|  JP2000  |  JetPack 2000   |     55.00 |
+----------+-----------------+-----------+
```

数据表示 从上述输出可以看到，SQL语句一般返回原始的、无格式的数据。数据的格式化是一个表示问题，而不是一个检索问题。因此，表示（对齐和显示上面的价格值，用货币符号和逗号表示其金额）一般在显示该数据的应用程序中规定。一般很少使用实际检索出的原始数据（没有应用程序提供的格式）。

30

4.4　检索所有列

　　除了指定所需的列外（如上所述，一个或多个列），SELECT语句还可以检索所有的列而不必逐个列出它们。这可以通过在实际列名的位置使用星号（*）通配符来达到，如下所示：

输入
```
SELECT *
FROM products;
```

分析 如果给定一个通配符（*），则返回表中所有列。列的顺序一般是列在表定义中出现的顺序。但有时候并不是这样的，表的模式的变化（如添加或删除列）可能会导致顺序的变化。

使用通配符 一般，除非你确实需要表中的每个列，否则最好别使用*通配符。虽然使用通配符可能会使你自己省事，不用明确列出所需列，但检索不需要的列通常会降低检索和应用程序的性能。

检索未知列 使用通配符有一个大优点。由于不明确指定列名（因为星号检索每个列），所以能检索出名字未知的列。

4.5 检索不同的行

正如所见，SELECT返回所有匹配的行。但是，如果你不想要每个值每次都出现，怎么办？例如，假如你想得出products表中产品的所有供应商ID：

输入
```
SELECT vend_id
FROM products;
```

输出
```
+---------+
| vend_id |
+---------+
|    1001 |
|    1001 |
|    1001 |
|    1002 |
|    1002 |
|    1003 |
|    1003 |
|    1003 |
|    1003 |
|    1003 |
|    1003 |
|    1003 |
|    1005 |
|    1005 |
+---------+
```

SELECT语句返回14行（即使表中只有4个供应商），因为products表中列出了14个产品。那么，如何检索出有不同值的列表呢？

解决办法是使用DISTINCT关键字，顾名思义，此关键字指示MySQL只返回不同的值。

输入
```
SELECT DISTINCT vend_id
FROM products;
```

分析 SELECT DISTINCT vend_id告诉MySQL只返回不同（唯一）的vend_id行，因此只返回4行，如下面的输出所示。如果使用DISTINCT关键字，它必须直接放在列名的前面。

输出

```
+---------+
| vend_id |
+---------+
|    1001 |
|    1002 |
|    1003 |
|    1005 |
+---------+
```

不能部分使用DISTINCT DISTINCT关键字应用于所有列而不仅是前置它的列。如果给出SELECT DISTINCT vend_id, prod_price，除非指定的两个列都相同，否则所有行都将被检索出来。

4.6 限制结果

SELECT语句返回所有匹配的行，它们可能是指定表中的每个行。为了返回第一行或前几行，可使用LIMIT子句。下面举一个例子：

输入
```
SELECT prod_name
FROM products
LIMIT 5;
```

分析 此语句使用SELECT语句检索单个列。LIMIT 5指示MySQL返回不多于5行。此语句的输出如下所示：

输出
```
+--------------+
| prod_name    |
+--------------+
| .5 ton anvil |
| 1 ton anvil  |
| 2 ton anvil  |
| Oil can      |
| Fuses        |
+--------------+
```

为得出下一个5行，可指定要检索的开始行和行数，如下所示：

输入
```
SELECT prod_name
FROM products
LIMIT 5,5;
```

分析 LIMIT 5，5指示MySQL返回从行5开始的5行。第一个数为开始位置，第二个数为要检索的行数。此语句的输出如下所示：

33

```
+----------------+
| prod_name      |
+----------------+
| Sling          |
| TNT (1 stick)  |
| TNT (5 sticks) |
| Bird seed      |
| Carrots        |
+----------------+
```

所以，带一个值的LIMIT总是从第一行开始，给出的数为返回的行数。带两个值的LIMIT可以指定从行号为第一个值的位置开始。

行0　检索出来的第一行为行0而不是行1。因此，LIMIT 1, 1将检索出第二行而不是第一行。

在行数不够时　LIMIT中指定要检索的行数为检索的最大行数。如果没有足够的行（例如，给出LIMIT 10, 5，但只有13行），MySQL将只返回它能返回的那么多行。

MySQL 5的LIMIT语法　LIMIT 3, 4的含义是从行4开始的3行还是从行3开始的4行？如前所述，它的意思是从行3开始的4行，这容易把人搞糊涂。

由于这个原因，MySQL 5支持LIMIT的另一种替代语法。LIMIT 4 OFFSET 3意为从行3开始取4行，就像LIMIT 3, 4一样。

4.7　使用完全限定的表名

迄今为止使用的SQL例子只通过列名引用列。也可能会使用完全限定的名字来引用列（同时使用表名和列字）。请看以下例子：

```
SELECT products.prod_name
FROM products;
```

这条SQL语句在功能上等于本章最开始使用的那一条语句，但这里指定了一个完全限定的列名。

表名也可以是完全限定的，如下所示：

输入
```
SELECT products.prod_name
FROM crashcourse.products;
```

这条语句在功能上也等于刚使用的那条语句（当然，假定products表确实位于crashcourse数据库中）。

正如以后章节所介绍的那样，有一些情形需要完全限定名。现在，需要注意这个语法，以便在遇到时知道它的作用。

4.8 小结

本章学习了如何使用SQL的SELECT语句来检索单个表列、多个表列以及所有表列。下一章将讲授如何排序检索出来的数据。

35

36

第5章

排序检索数据

本章将讲授如何使用SELECT语句的ORDER BY子句，根据需要排序检索出的数据。

5.1 排序数据

正如前一章所述，下面的SQL语句返回某个数据库表的单个列。但请看其输出，并没有特定的顺序。

输入
```
SELECT prod_name
FROM products;
```

输出
```
+----------------+
| prod_name      |
+----------------+
| .5 ton anvil   |
| 1 ton anvil    |
| 2 ton anvil    |
| Oil can        |
| Fuses          |
| Sling          |
| TNT (1 stick)  |
| TNT (5 sticks) |
| Bird seed      |
| Carrots        |
| Safe           |
| Detonator      |
| JetPack 1000   |
| JetPack 2000   |
+----------------+
```

其实，检索出的数据并不是以纯粹的随机顺序显示的。如果不排序，数据一般将以它在底层表中出现的顺序显示。这可以是数据最初添加到表中的顺序。但是，如果数据后来进行过更新或删除，则此顺序将会受到MySQL重用回收存储空间的影响。因此，如果不明确控制的话，不能（也不应该）依赖该排序顺序。关系数据库设计理论认为，如果不明确规定排序顺序，则不应该假定检索出的数据的顺序有意义。

子句（clause）　SQL语句由子句构成，有些子句是必需的，而有的是可选的。一个子句通常由一个关键字和所提供的数据组成。子句的例子有SELECT语句的FROM子句，我们在前一章看到过这个子句。

为了明确地排序用SELECT语句检索出的数据，可使用ORDER BY子句。ORDER BY子句取一个或多个列的名字，据此对输出进行排序。请看下面的例子：

输入
```
SELECT prod_name
FROM products
ORDER BY prod_name;
```

分析
这条语句除了指示MySQL对prod_name列以字母顺序排序数据的ORDER BY子句外，与前面的语句相同。结果如下：

输出
```
+----------------+
| prod_name      |
+----------------+
| .5 ton anvil   |
| 1 ton anvil    |
| 2 ton anvil    |
| Bird seed      |
| Carrots        |
| Detonator      |
| Fuses          |
| JetPack 1000   |
| JetPack 2000   |
| Oil can        |
| Safe           |
| Sling          |
| TNT (1 stick)  |
| TNT (5 sticks) |
+----------------+
```

38

通过非选择列进行排序   通常，ORDER BY子句中使用的列将是为显示所选择的列。但是，实际上并不一定要这样，用非检索的列排序数据是完全合法的。

5.2   按多个列排序

经常需要按不止一个列进行数据排序。例如，如果要显示雇员清单，可能希望按姓和名排序（首先按姓排序，然后在每个姓中再按名排序）。如果多个雇员具有相同的姓，这样做很有用。

为了按多个列排序，只要指定列名，列名之间用逗号分开即可（就像选择多个列时所做的那样）。

下面的代码检索3个列，并按其中两个列对结果进行排序——首先按价格，然后再按名称排序。

输入▼

```
SELECT prod_id, prod_price, prod_name
FROM products
ORDER BY prod_price, prod_name;
```

输出▼

```
+---------+------------+----------------+
| prod_id | prod_price | prod_name      |
+---------+------------+----------------+
| FC      |       2.50 | Carrots        |
| TNT1    |       2.50 | TNT (1 stick)  |
| FU1     |       3.42 | Fuses          |
| SLING   |       4.49 | Sling          |
| ANV01   |       5.99 | .5 ton anvil   |
| OL1     |       8.99 | Oil can        |
| ANV02   |       9.99 | 1 ton anvil    |
| FB      |      10.00 | Bird seed      |
| TNT2    |      10.00 | TNT (5 sticks) |
| DTNTR   |      13.00 | Detonator      |
| ANV03   |      14.99 | 2 ton anvil    |
| JP1000  |      35.00 | JetPack 1000   |
| SAFE    |      50.00 | Safe           |
| JP2000  |      55.00 | JetPack 2000   |
+---------+------------+----------------+
```

重要的是理解在按多个列排序时，排序完全按所规定的顺序进行。换句话说，对于上述例子中的输出，仅在多个行具有相同的prod_price值时才对产品按prod_name进行排序。如果prod_price列中所有的值都是唯一的，则不会按prod_name排序。

5.3 指定排序方向

数据排序不限于升序排序（从A到Z）。这只是默认的排序顺序，还可以使用ORDER BY子句以降序（从Z到A）顺序排序。为了进行降序排序，必须指定DESC关键字。

下面的例子按价格以降序排序产品（最贵的排在最前面）：

输入
```
SELECT prod_id, prod_price, prod_name
FROM products
ORDER BY prod_price DESC;
```

40

输出
```
+---------+------------+----------------+
| prod_id | prod_price | prod_name      |
+---------+------------+----------------+
| JP2000  |      55.00 | JetPack 2000   |
| SAFE    |      50.00 | Safe           |
| JP1000  |      35.00 | JetPack 1000   |
| ANV03   |      14.99 | 2 ton anvil    |
| DTNTR   |      13.00 | Detonator      |
| TNT2    |      10.00 | TNT (5 sticks) |
| FB      |      10.00 | Bird seed      |
| ANV02   |       9.99 | 1 ton anvil    |
| OL1     |       8.99 | Oil can        |
| ANV01   |       5.99 | .5 ton anvil   |
| SLING   |       4.49 | Sling          |
| FU1     |       3.42 | Fuses          |
| FC      |       2.50 | Carrots        |
| TNT1    |       2.50 | TNT (1 stick)  |
+---------+------------+----------------+
```

但是，如果打算用多个列排序怎么办？下面的例子以降序排序产品（最贵的在最前面），然后再对产品名排序：

输入
```
SELECT prod_id, prod_price, prod_name
FROM products
ORDER BY prod_price DESC, prod_name;
```

输出
```
+---------+------------+----------------+
| prod_id | prod_price | prod_name      |
+---------+------------+----------------+
| JP2000  |      55.00 | JetPack 2000   |
| SAFE    |      50.00 | Safe           |
| JP1000  |      35.00 | JetPack 1000   |
```

```
| ANV03   |      14.99 | 2 ton anvil     |
| DTNTR   |      13.00 | Detonator       |
| FB      |      10.00 | Bird seed       |
| TNT2    |      10.00 | TNT (5 sticks)  |
| ANV02   |       9.99 | 1 ton anvil     |
| OL1     |       8.99 | Oil can         |
| ANV01   |       5.99 | .5 ton anvil    |
| SLING   |       4.49 | Sling           |
| FU1     |       3.42 | Fuses           |
| FC      |       2.50 | Carrots         |
| TNT1    |       2.50 | TNT (1 stick)   |
+---------+------------+-----------------+
```

41

分析 DESC关键字只应用到直接位于其前面的列名。在上例中，只对 prod_price列指定DESC，对prod_name列不指定。因此， prod_price列以降序排序，而prod_name列（在每个价格内）仍然按标准的升序排序。

在多个列上降序排序 如果想在多个列上进行降序排序，必须对每个列指定DESC关键字。

与DESC相反的关键字是ASC(ASCENDING)，在升序排序时可以指定它。但实际上，ASC没有多大用处，因为升序是默认的（如果既不指定ASC也不指定DESC，则假定为ASC）。

区分大小写和排序顺序 在对文本性的数据进行排序时，A与a相同吗？a位于B之前还是位于Z之后？这些问题不是理论问题，其答案取决于数据库如何设置。

在字典(dictionary)排序顺序中，A被视为与a相同，这是MySQL（和大多数数据库管理系统）的默认行为。但是，许多数据库管理员能够在需要时改变这种行为（如果你的数据库包含大量外语字符，可能必须这样做）。

这里，关键的问题是，如果确实需要改变这种排序顺序，用简单的ORDER BY子句做不到。你必须请求数据库管理员的帮助。

42

使用ORDER BY和LIMIT的组合，能够找出一个列中最高或最低的值。下面的例子演示如何找出最昂贵物品的值：

输入
```
SELECT prod_price
FROM products
ORDER BY prod_price DESC
LIMIT 1;
```

输出
```
+------------+
| prod_price |
+------------+
|      55.00 |
+------------+
```

分析 prod_price DESC保证行是按照由最昂贵到最便宜检索的，而LIMIT 1告诉MySQL仅返回一行。

> **ORDER BY子句的位置**　在给出ORDER BY子句时，应该保证它位于FROM子句之后。如果使用LIMIT，它必须位于ORDER BY之后。使用子句的次序不对将产生错误消息。

5.4 小结

本章学习了如何用SELECT语句的ORDER BY子句对检索出的数据进行排序。这个子句必须是SELECT语句中的最后一条子句。可根据需要，利用它在一个或多个列上对数据进行排序。

第 6 章

过 滤 数 据

本章将讲授如何使用SELECT语句的WHERE子句指定搜索条件。

6.1 使用WHERE子句

数据库表一般包含大量的数据，很少需要检索表中所有行。通常只会根据特定操作或报告的需要提取表数据的子集。只检索所需数据需要指定搜索条件（search criteria），搜索条件也称为过滤条件（filter condition）。

在SELECT语句中，数据根据WHERE子句中指定的搜索条件进行过滤。WHERE子句在表名（FROM子句）之后给出，如下所示：

输入
```
SELECT prod_name, prod_price
FROM products
WHERE prod_price = 2.50;
```

分析 这条语句从products表中检索两个列，但不返回所有行，只返回prod_price值为2.50的行，如下所示：

输出
```
+---------------+------------+
| prod_name     | prod_price |
+---------------+------------+
| Carrots       |       2.50 |
| TNT (1 stick) |       2.50 |
+---------------+------------+
```

这个例子采用了简单的相等测试：它检查一个列是否具有指定的值，据此进行过滤。但是SQL允许做的事情不仅仅是相等测试。

SQL过滤与应用过滤　数据也可以在应用层过滤。为此目的，SQL的SELECT语句为客户机应用检索出超过实际所需的数据，然后客户机代码对返回数据进行循环，以提取出需要的行。

通常，这种实现并不令人满意。因此，对数据库进行了优化，以便快速有效地对数据进行过滤。让客户机应用(或开发语言)处理数据库的工作将会极大地影响应用的性能，并且使所创建的应用完全不具备可伸缩性。此外，如果在客户机上过滤数据，服务器不得不通过网络发送多余的数据，这将导致网络带宽的浪费。

 WHERE子句的位置　在同时使用ORDER BY和WHERE子句时，应该让ORDER BY位于WHERE之后，否则将会产生错误(关于ORDER BY的使用，请参阅第5章)。

6.2　WHERE子句操作符

我们在关于相等的测试时看到了第一个WHERE子句，它确定一个列是否包含特定的值。MySQL支持表6-1列出的所有条件操作符。

表6-1　WHERE子句操作符

操 作 符	说　　明
=	等于
<>	不等于
!=	不等于
<	小于
<=	小于等于
>	大于
>=	大于等于
BETWEEN	在指定的两个值之间

46

6.2.1   检查单个值

我们已经看到了测试相等的例子。再来看一个类似的例子：

输入
```
SELECT prod_name, prod_price
FROM products
WHERE prod_name = 'fuses';
```

输出
```
+-----------+------------+
| prod_name | prod_price |
+-----------+------------+
| Fuses     |       3.42 |
+-----------+------------+
```

分析   检查WHERE prod_name='fuses'语句，它返回prod_name的值为Fuses的一行。MySQL在执行匹配时默认不区分大小写，所以fuses与Fuses匹配。

现在来看几个使用其他操作符的例子。

第一个例子是列出价格小于10美元的所有产品：

输入
```
SELECT prod_name, prod_price
FROM products
WHERE prod_price < 10;
```

输出
```
+---------------+------------+
| prod_name     | prod_price |
+---------------+------------+
| .5 ton anvil  |       5.99 |
| 1 ton anvil   |       9.99 |
| Carrots       |       2.50 |
| Fuses         |       3.42 |
| Oil can       |       8.99 |
| Sling         |       4.49 |
| TNT (1 stick) |       2.50 |
+---------------+------------+
```

下一条语句检索价格小于等于10美元的所有产品（输出的结果比第一个例子输出的结果多两种产品）：

输入
```
SELECT prod_name, prod_price
FROM products
WHERE prod_price <= 10;
```

输出
```
+---------------+------------+
| prod_name     | prod_price |
+---------------+------------+
| .5 ton anvil  |       5.99 |
```

```
| 1 ton anvil      |       9.99 |
| Bird seed        |      10.00 |
| Carrots          |       2.50 |
| Fuses            |       3.42 |
| Oil can          |       8.99 |
| Sling            |       4.49 |
| TNT (1 stick)    |       2.50 |
| TNT (5 sticks)   |      10.00 |
+------------------+------------+
```

6.2.2 不匹配检查

以下例子列出不是由供应商1003制造的所有产品：

 SELECT vend_id, prod_name
FROM products
WHERE vend_id <> 1003;

48

 输出
```
+---------+--------------+
| vend_id | prod_name    |
+---------+--------------+
|    1001 | .5 ton anvil |
|    1001 | 1 ton anvil  |
|    1001 | 2 ton anvil  |
|    1002 | Fuses        |
|    1005 | JetPack 1000 |
|    1005 | JetPack 2000 |
|    1002 | Oil can      |
+---------+--------------+
```

何时使用引号   如果仔细观察上述WHERE子句中使用的条件，会看到有的值括在单引号内（如前面使用的'fuses'），而有的值未括起来。单引号用来限定字符串。如果将值与串类型的列进行比较，则需要限定引号。用来与数值列进行比较的值不用引号。

下面是相同的例子，其中使用!=而不是<>操作符：

 SELECT vend_id, prod_name
FROM products
WHERE vend_id != 1003;

6.2.3 范围值检查

为了检查某个范围的值，可使用BETWEEN操作符。其语法与其他WHERE

子句的操作符稍有不同，因为它需要两个值，即范围的开始值和结束值。例如，BETWEEN操作符可用来检索价格在5美元和10美元之间或日期在指定的开始日期和结束日期之间的所有产品。

下面的例子说明如何使用BETWEEN操作符，它检索价格在5美元和10美元之间的所有产品：

输入

```
SELECT prod_name, prod_price
FROM products
WHERE prod_price BETWEEN 5 AND 10;
```

输出

```
+----------------+------------+
| prod_name      | prod_price |
+----------------+------------+
| .5 ton anvil   |       5.99 |
| 1 ton anvil    |       9.99 |
| Bird seed      |      10.00 |
| Oil can        |       8.99 |
| TNT (5 sticks) |      10.00 |
+----------------+------------+
```

分析 从这个例子中可以看到，在使用BETWEEN时，必须指定两个值——所需范围的低端值和高端值。这两个值必须用AND关键字分隔。BETWEEN匹配范围中所有的值，包括指定的开始值和结束值。

6.2.4 空值检查

在创建表时，表设计人员可以指定其中的列是否可以不包含值。在一个列不包含值时，称其为包含空值NULL。

 NULL 无值（no value），它与字段包含0、空字符串或仅仅包含空格不同。

SELECT语句有一个特殊的WHERE子句，可用来检查具有NULL值的列。这个WHERE子句就是IS NULL子句。其语法如下：

输入

```
SELECT prod_name
FROM products
WHERE prod_price IS NULL;
```

这条语句返回没有价格（空prod_price字段，不是价格为0）的所有产品，由于表中没有这样的行，所以没有返回数据。但是，customers表确实包含有具有空值的列，如果在文件中没有某位顾客的电子邮件地址，则cust_email列将包含NULL值：

```
SELECT cust_id
FROM customers
WHERE cust_email IS NULL;
```

```
+---------+
| cust_id |
+---------+
|   10002 |
|   10005 |
+---------+
```

 NULL与不匹配 在通过过滤选择出不具有特定值的行时，你可能希望返回具有NULL值的行。但是，不行。因为未知具有特殊的含义，数据库不知道它们是否匹配，所以在匹配过滤或不匹配过滤时不返回它们。

因此，在过滤数据时，一定要验证返回数据中确实给出了被过滤列具有NULL的行。

6.3 小结

本章介绍了如何用SELECT语句的WHERE子句过滤返回的数据。我们学习了如何对相等、不相等、大于、小于、值的范围以及NULL值等进行测试。

51

第7章

数据过滤

本章讲授如何组合WHERE子句以建立功能更强的更高级的搜索条件。我们还将学习如何使用NOT和IN操作符。

7.1 组合WHERE子句

第6章中介绍的所有WHERE子句在过滤数据时使用的都是单一的条件。为了进行更强的过滤控制，MySQL允许给出多个WHERE子句。这些子句可以两种方式使用：以AND子句的方式或OR子句的方式使用。

 操作符（operator） 用来联结或改变WHERE子句中的子句的关键字。也称为逻辑操作符（logical operator）。

7.1.1 AND操作符

为了通过不止一个列进行过滤，可使用AND操作符给WHERE子句附加条件。下面的代码给出了一个例子：

输入
```
SELECT prod_id, prod_price, prod_name
FROM products
WHERE vend_id = 1003 AND prod_price <= 10;
```

分析
此SQL语句检索由供应商1003制造且价格小于等于10美元的所有产品的名称和价格。这条SELECT语句中的WHERE子句包含两个条件，并且用AND关键字联结它们。AND指示DBMS只返回满足所有给定条件的行。如果某个产品由供应商1003制造，但它的价格高于10美元，则不检索它。类似，如果产品价格小于10美元，但不是由指定供应商制造的也不被检索。这条SQL语句产生的输出如下：

输出

```
+---------+------------+----------------+
| prod_id | prod_price | prod_name      |
+---------+------------+----------------+
| FB      |      10.00 | Bird seed      |
| FC      |       2.50 | Carrots        |
| SLING   |       4.49 | Sling          |
| TNT1    |       2.50 | TNT (1 stick)  |
| TNT2    |      10.00 | TNT (5 sticks) |
+---------+------------+----------------+
```

 AND 用在WHERE子句中的关键字，用来指示检索满足所有给定条件的行。

上述例子中使用了只包含一个关键字AND的语句，把两个过滤条件组合在一起。还可以添加多个过滤条件，每添加一条就要使用一个AND。

7.1.2 OR操作符

OR操作符与AND操作符不同，它指示MySQL检索匹配任一条件的行。

请看如下的SELECT语句：

输入

```
SELECT prod_name, prod_price
FROM products
WHERE vend_id = 1002 OR vend_id = 1003;
```

分析 此SQL语句检索由任一个指定供应商制造的所有产品的产品名和价格。OR操作符告诉DBMS匹配任一条件而不是同时匹配两个条件。如果这里使用的是AND操作符，则没有数据返回（此时创建的WHERE子句不会检索到匹配的产品）。这条SQL语句产生的输出如下：

54

输出

```
+----------------+------------+
| prod_name      | prod_price |
+----------------+------------+
| Detonator      |      13.00 |
| Bird seed      |      10.00 |
| Carrots        |       2.50 |
| Fuses          |       3.42 |
| Oil can        |       8.99 |
| Safe           |      50.00 |
| Sling          |       4.49 |
| TNT (1 stick)  |       2.50 |
| TNT (5 sticks) |      10.00 |
+----------------+------------+
```

OR WHERE子句中使用的关键字，用来表示检索匹配任一给定
条件的行。

7.1.3 计算次序

WHERE可包含任意数目的AND和OR操作符。允许两者结合以进行复杂
和高级的过滤。

但是，组合AND和OR带来了一个有趣的问题。为了说明这个问题，来
看一个例子。假如需要列出价格为10美元（含）以上且由1002或1003制
造的所有产品。下面的SELECT语句使用AND和OR操作符的组合建立了一个
WHERE子句：

输入
```
SELECT prod_name, prod_price
FROM products
WHERE vend_id = 1002 OR vend_id = 1003 AND prod_price >= 10;
```

输出
```
+----------------+------------+
| prod_name      | prod_price |
+----------------+------------+
| Detonator      |      13.00 |
| Bird seed      |      10.00 |
| Fuses          |       3.42 |
| Oil can        |       8.99 |
| Safe           |      50.00 |
| TNT (5 sticks) |      10.00 |
+----------------+------------+
```

分析 请看上面的结果。返回的行中有两行价格小于10美元，显然，
返回的行未按预期的进行过滤。为什么会这样呢？原因在于计
算的次序。SQL（像多数语言一样）在处理OR操作符前，优先处理AND操
作符。当SQL看到上述WHERE子句时，它理解为由供应商1003制造的任何
价格为10美元（含）以上的产品，或者由供应商1002制造的任何产品，
而不管其价格如何。换句话说，由于AND在计算次序中优先级更高，操作
符被错误地组合了。

此问题的解决方法是使用圆括号明确地分组相应的操作符。请看下
面的SELECT语句及输出：

输入
```
SELECT prod_name, prod_price
FROM products
WHERE (vend_id = 1002 OR vend_id = 1003) AND prod_price >= 10;
```

```
+----------------+------------+
| prod_name      | prod_price |
+----------------+------------+
| Detonator      |      13.00 |
| Bird seed      |      10.00 |
| Safe           |      50.00 |
| TNT (5 sticks) |      10.00 |
+----------------+------------+
```

56

分析   这条SELECT语句与前一条的唯一差别是，这条语句中，前两个
条件用圆括号括了起来。因为圆括号具有较AND或OR操作符高
的计算次序，DBMS首先过滤圆括号内的OR条件。这时，SQL语句变成了
选择由供应商1002或1003制造的且价格都在10美元（含）以上的任何产
品，这正是我们所希望的。

> **在WHERE子句中使用圆括号**　任何时候使用具有AND和OR操作
> 符的WHERE子句，都应该使用圆括号明确地分组操作符。不要
> 过分依赖默认计算次序，即使它确实是你想要的东西也是如
> 此。使用圆括号没有什么坏处，它能消除歧义。

7.2 IN操作符

圆括号在WHERE子句中还有另外一种用法。IN操作符用来指定条件范
围，范围中的每个条件都可以进行匹配。IN取合法值的由逗号分隔的清
单，全都括在圆括号中。下面的例子说明了这个操作符：

```
SELECT prod_name, prod_price
FROM products
WHERE vend_id IN (1002,1003)
ORDER BY prod_name;
```

```
+----------------+------------+
| prod_name      | prod_price |
+----------------+------------+
| Bird seed      |      10.00 |
| Carrots        |       2.50 |
| Detonator      |      13.00 |
| Fuses          |       3.42 |
| Oil can        |       8.99 |
| Safe           |      50.00 |
| Sling          |       4.49 |
| TNT (1 stick)  |       2.50 |
| TNT (5 sticks) |      10.00 |
+----------------+------------+
```

57

分析   此SELECT语句检索供应商1002和1003制造的所有产品。IN操作符后跟由逗号分隔的合法值清单,整个清单必须括在圆括号中。

如果你认为IN操作符完成与OR相同的功能,那么你的这种猜测是对的。下面的SQL语句完成与上面的例子相同的工作:

输入
```
SELECT prod_name, prod_price
FROM products
WHERE vend_id  = 1002 OR vend_id = 1003
ORDER BY prod_name;
```

输出
```
+----------------+------------+
| prod_name      | prod_price |
+----------------+------------+
| Bird seed      |      10.00 |
| Carrots        |       2.50 |
| Detonator      |      13.00 |
| Fuses          |       3.42 |
| Oil can        |       8.99 |
| Safe           |      50.00 |
| Sling          |       4.49 |
| TNT (1 stick)  |       2.50 |
| TNT (5 sticks) |      10.00 |
+----------------+------------+
```

为什么要使用IN操作符?其优点具体如下。

58

❑ 在使用长的合法选项清单时,IN操作符的语法更清楚且更直观。

❑ 在使用IN时,计算的次序更容易管理(因为使用的操作符更少)。

❑ IN操作符一般比OR操作符清单执行更快。

❑ IN的最大优点是可以包含其他SELECT语句,使得能够更动态地建立WHERE子句。第14章将对此进行详细介绍。

 IN   WHERE子句中用来指定要匹配值的清单的关键字,功能与OR相当。

7.3 NOT操作符

WHERE子句中的NOT操作符有且只有一个功能,那就是否定它之后所跟的任何条件。

 NOT   WHERE子句中用来否定后跟条件的关键字。

下面的例子说明NOT的使用。为了列出除1002和1003之外的所有供应商制造的产品，可编写如下的代码：

输入
```
SELECT prod_name, prod_price
FROM products
WHERE vend_id NOT IN (1002,1003)
ORDER BY prod_name;
```

输出
```
+--------------+------------+
| prod_name    | prod_price |
+--------------+------------+
| .5 ton anvil |       5.99 |
| 1 ton anvil  |       9.99 |
| 2 ton anvil  |      14.99 |
| JetPack 1000 |      35.00 |
| JetPack 2000 |      55.00 |
+--------------+------------+
```

59

分析 这里的NOT否定跟在它之后的条件，因此，MySQL不是匹配1002和1003的vend_id，而是匹配1002和1003之外供应商的vend_id。

为什么使用NOT？对于简单的WHERE子句，使用NOT确实没有什么优势。但在更复杂的子句中，NOT是非常有用的。例如，在与IN操作符联合使用时，NOT使找出与条件列表不匹配的行非常简单。

 MySQL中的NOT　MySQL支持使用NOT对IN、BETWEEN和EXISTS子句取反，这与多数其他DBMS允许使用NOT对各种条件取反有很大的差别。

7.4 小结

本章讲授如何用AND和OR操作符组合成WHERE子句，而且还讲授了如何明确地管理计算的次序，如何使用IN和NOT操作符。

60

第8章

用通配符进行过滤

本章介绍什么是通配符、如何使用通配符以及怎样使用LIKE操作符进行通配搜索，以便对数据进行复杂过滤。

8.1 LIKE操作符

前面介绍的所有操作符都是针对已知值进行过滤的。不管是匹配一个还是多个值，测试大于还是小于已知值，或者检查某个范围的值，共同点是过滤中使用的值都是已知的。但是，这种过滤方法并不是任何时候都好用。例如，怎样搜索产品名中包含文本anvil的所有产品？用简单的比较操作符肯定不行，必须使用通配符。利用通配符可创建比较特定数据的搜索模式。在这个例子中，如果你想找出名称包含anvil的所有产品，可构造一个通配符搜索模式，找出产品名中任何位置出现anvil的产品。

 通配符（wildcard）　用来匹配值的一部分的特殊字符。

 搜索模式（search pattern）[①]　由字面值、通配符或两者组合构成的搜索条件。

通配符本身实际是SQL的WHERE子句中有特殊含义的字符，SQL支持几种通配符。

---

① 数据库中的schema（见1.1.2节）和pattern都译作"模式"，特此说明，请读者注意。

——编者注

为在搜索子句中使用通配符，必须使用LIKE操作符。LIKE指示MySQL，后跟的搜索模式利用通配符匹配而不是直接相等匹配进行比较。

 谓词 操作符何时不是操作符？答案是在它作为谓词（predicate）时。从技术上说，LIKE是谓词而不是操作符。虽然最终的结果是相同的，但应该对此术语有所了解，以免在SQL文档中遇到此术语时不知道。

8.1.1 百分号（%）通配符

最常使用的通配符是百分号（%）。在搜索串中，%表示任何字符出现任意次数。例如，为了找出所有以词jet起头的产品，可使用以下SELECT语句：

```
SELECT prod_id, prod_name
FROM products
WHERE prod_name LIKE 'jet%';
```

```
+---------+--------------+
| prod_id | prod_name    |
+---------+--------------+
| JP1000  | JetPack 1000 |
| JP2000  | JetPack 2000 |
+---------+--------------+
```

 此例子使用了搜索模式'jet%'。在执行这条子句时，将检索任意以jet起头的词。%告诉MySQL接受jet之后的任意字符，不管它有多少字符。

62

 区分大小写 根据MySQL的配置方式，搜索可以是区分大小写的。如果区分大小写，'jet%'与JetPack 1000将不匹配。

通配符可在搜索模式中任意位置使用，并且可以使用多个通配符。下面的例子使用两个通配符，它们位于模式的两端：

```
SELECT prod_id, prod_name
FROM products
WHERE prod_name LIKE '%anvil%';
```

输出

```
+---------+---------------+
| prod_id | prod_name     |
+---------+---------------+
| ANV01   | .5 ton anvil  |
| ANV02   | 1 ton anvil   |
| ANV03   | 2 ton anvil   |
+---------+---------------+
```

分析 搜索模式'%anvil%'表示匹配任何位置包含文本anvil的值，而不论它之前或之后出现什么字符。

通配符也可以出现在搜索模式的中间，虽然这样做不太有用。下面的例子找出以s起头以e结尾的所有产品：

输入
```
SELECT prod_name
FROM products
WHERE prod_name LIKE 's%e';
```

|63| 重要的是要注意到，除了一个或多个字符外，%还能匹配0个字符。%代表搜索模式中给定位置的0个、1个或多个字符。

 注意尾空格 尾空格可能会干扰通配符匹配。例如，在保存词anvil时，如果它后面有一个或多个空格，则子句WHERE prod_name LIKE '%anvil'将不会匹配它们，因为在最后的1后有多余的字符。解决这个问题的一个简单的办法是在搜索模式最后附加一个%。一个更好的办法是使用函数（第11章将会介绍）去掉首尾空格。

 注意NULL 虽然似乎%通配符可以匹配任何东西，但有一个例外，即NULL。即使是WHERE prod_name LIKE '%'也不能匹配用值NULL作为产品名的行。

8.1.2 下划线（_）通配符

另一个有用的通配符是下划线（_）。下划线的用途与%一样，但下划线只匹配单个字符而不是多个字符。

举一个例子：

输入

```
SELECT prod_id, prod_name
FROM products
WHERE prod_name LIKE '_ ton anvil';
```

输出

```
+---------+-------------+
| prod_id | prod_name   |
+---------+-------------+
| ANV02   | 1 ton anvil |
| ANV03   | 2 ton anvil |
+---------+-------------+
```

分析　此WHERE子句中的搜索模式给出了后面跟有文本的通配符。结 [64]
果只显示匹配搜索模式的行：第一行中下划线匹配1，第二行
中匹配2。.5 ton anvil产品没有匹配，因为搜索模式要求匹配两个通
配符而不是一个。对照一下，下面的SELECT语句使用%通配符，返回三
行产品：

输入

```
SELECT prod_id, prod_name
FROM products
WHERE prod_name LIKE '% ton anvil';
```

输出

```
+---------+--------------+
| prod_id | prod_name    |
+---------+--------------+
| ANV01   | .5 ton anvil |
| ANV02   | 1 ton anvil  |
| ANV03   | 2 ton anvil  |
+---------+--------------+
```

与%能匹配0个字符不一样，_总是匹配一个字符，不能多也不能少。

8.2　使用通配符的技巧

正如所见，MySQL的通配符很有用。但这种功能是有代价的：通配
符搜索的处理一般要比前面讨论的其他搜索所花时间更长。这里给出一
些使用通配符要记住的技巧。

❑ 不要过度使用通配符。如果其他操作符能达到相同的目的，应该
使用其他操作符。

❑ 在确实需要使用通配符时，除非绝对有必要，否则不要把它们用
在搜索模式的开始处。把通配符置于搜索模式的开始处，搜索起
来是最慢的。

❑ 仔细注意通配符的位置。如果放错地方，可能不会返回想要的数据。 [65]

总之，通配符是一种极重要和有用的搜索工具，以后我们经常会用到它。

8.3   小结

本章介绍了什么是通配符以及如何在WHERE子句中使用SQL通配符，并且还说明了通配符应该细心使用，不要过度使用。

66

第 9 章

用正则表达式
进行搜索

本章将学习如何在MySQL WHERE子句内使用正则表达式来更好地控制数据过滤。

9.1 正则表达式介绍

前两章中的过滤例子允许用匹配、比较和通配操作符寻找数据。对于基本的过滤（或者甚至是某些不那么基本的过滤），这样就足够了。但随着过滤条件的复杂性的增加，WHERE子句本身的复杂性也有必要增加。

这也就是正则表达式变得有用的地方。正则表达式是用来匹配文本的特殊的串（字符集合）。如果你想从一个文本文件中提取电话号码，可以使用正则表达式。如果你需要查找名字中间有数字的所有文件，可以使用一个正则表达式。如果你想在一个文本块中找到所有重复的单词，可以使用一个正则表达式。如果你想替换一个页面中的所有URL为这些URL的实际HTML链接，也可以使用一个正则表达式（对于最后这个例子，或者是两个正则表达式）。

所有种类的程序设计语言、文本编辑器、操作系统等都支持正则表达式。有见识的程序员和网络管理员已经关注作为他们技术工具重要内容的正则表达式很长时间了。

正则表达式用正则表达式语言来建立，正则表达式语言是用来完成刚讨论的所有工作以及更多工作的一种特殊语言。与任意语言一样，正则表达式具有你必须学习的特殊的语法和指令。

学习更多内容 完全覆盖正则表达式的内容超出了本书的范围。虽然基础知识都在这里做了介绍，但对正则表达式更为透彻的介绍可能还需要参阅作者的《正则表达式必知必会》①。

9.2 使用MySQL正则表达式

那么，正则表达式与MySQL有何关系？已经说过，正则表达式的作用是匹配文本，将一个模式（正则表达式）与一个文本串进行比较。MySQL用WHERE子句对正则表达式提供了初步的支持，允许你指定正则表达式，过滤SELECT检索出的数据。

仅为正则表达式语言的一个子集 如果你熟悉正则表达式，需要注意：MySQL仅支持多数正则表达式实现的一个很小的子集。本章介绍MySQL支持的大多数内容。

我们举几个例子，更清晰地描述正则表达式的概念。

9.2.1 基本字符匹配

我们从一个非常简单的例子开始。下面的语句检索列prod_name包含文本1000的所有行：

输入
```
SELECT prod_name
FROM products
WHERE prod_name REGEXP '1000'
ORDER BY prod_name;
```

输出
```
+--------------+
| prod_name    |
+--------------+
| JetPack 1000 |
+--------------+
```

分析 除关键字LIKE被REGEXP替代外，这条语句看上去非常像使用LIKE的语句（第8章）。它告诉MySQL：REGEXP后所跟的东西作为正则表达式（与文字正文1000匹配的一个正则表达式）处理。

___
① 已由人民邮电出版社出版。——编者注

为什么要费力地使用正则表达式？在刚才的例子中，正则表达式确实没有带来太多好处（可能还会降低性能），不过，请考虑下面的例子：

输入

```
SELECT prod_name
FROM products
WHERE prod_name REGEXP '.000'
ORDER BY prod_name;
```

输出

```
+--------------+
| prod_name    |
+--------------+
| JetPack 1000 |
| JetPack 2000 |
+--------------+
```

分析 这里使用了正则表达式.000。.是正则表达式语言中一个特殊的字符。它表示匹配任意一个字符，因此，1000和2000都匹配且返回。

当然，这个特殊的例子也可以用LIKE和通配符来完成（参阅第8章）。 69

> LIKE与REGEXP 在LIKE和REGEXP之间有一个重要的差别。请看以下两条语句：
>
> ```
> SELECT prod_name
> FROM products
> WHERE prod_name LIKE '1000'
> ORDER BY prod_name;
>
> SELECT prod_name
> FROM products
> WHERE prod_name REGEXP '1000'
> ORDER BY prod_name;
> ```
>
> 如果执行上述两条语句，会发现第一条语句不返回数据，而第二条语句返回一行。为什么？
>
> 正如第8章所述，LIKE匹配整个列。如果被匹配的文本在列值中出现，LIKE将不会找到它，相应的行也不被返回（除非使用通配符）。而REGEXP在列值内进行匹配，如果被匹配的文本在列值中出现，REGEXP将会找到它，相应的行将被返回。这是一个非常重要的差别。
>
> 那么，REGEXP能不能用来匹配整个列值（从而起与LIKE相同

的作用）？答案是肯定的，使用^和$定位符（anchor）即可，本章后面介绍。

 匹配不区分大小写 MySQL中的正则表达式匹配（自版本 3.23.4后）不区分大小写（即，大写和小写都匹配）。为区分大小写，可使用BINARY关键字，如WHERE prod_name REGEXP BINARY 'JetPack .000'。

9.2.2 进行OR匹配

为搜索两个串之一（或者为这个串，或者为另一个串），使用|，如下所示：

输入

```
SELECT prod_name
FROM products
WHERE prod_name REGEXP '1000|2000'
ORDER BY prod_name;
```

输出

```
+--------------+
| prod_name    |
+--------------+
| JetPack 1000 |
| JetPack 2000 |
+--------------+
```

分析 语句中使用了正则表达式1000|2000。|为正则表达式的OR操作符。它表示匹配其中之一，因此1000和2000都匹配并返回。

使用|从功能上类似于在SELECT语句中使用OR语句，多个OR条件可并入单个正则表达式。

 两个以上的OR条件 可以给出两个以上的OR条件。例如，'1000 | 2000 | 3000'将匹配1000或2000或3000。

9.2.3 匹配几个字符之一

匹配任何单一字符。但是，如果你只想匹配特定的字符，怎么办？可通过指定一组用[和]括起来的字符来完成，如下所示：

输入
```
SELECT prod_name
FROM products
WHERE prod_name REGEXP '[123] Ton'
ORDER BY prod_name;
```

输出
```
+-------------+
| prod_name   |
+-------------+
| 1 ton anvil |
| 2 ton anvil |
+-------------+
```

分析 这里，使用了正则表达式[123] Ton。[123]定义一组字符，它的意思是匹配1或2或3，因此，1 ton和2 ton都匹配且返回（没有3 ton）。

正如所见，[ ]是另一种形式的OR语句。事实上，正则表达式[123]Ton为[1|2|3]Ton的缩写，也可以使用后者。但是，需要用[ ]来定义OR语句查找什么。为更好地理解这一点，请看下面的例子：

输入
```
SELECT prod_name
FROM products
WHERE prod_name REGEXP '1|2|3 Ton'
ORDER BY prod_name;
```

输出
```
+---------------+
| prod_name     |
+---------------+
| 1 ton anvil   |
| 2 ton anvil   |
| JetPack 1000  |
| JetPack 2000  |
| TNT (1 stick) |
+---------------+
```

分析 这并不是期望的输出。两个要求的行被检索出来，但还检索出了另外3行。之所以这样是由于MySQL假定你的意思是'1'或'2'或'3 ton'。除非把字符|括在一个集合中，否则它将应用于整个串。

字符集合也可以被否定，即，它们将匹配除指定字符外的任何东西。为否定一个字符集，在集合的开始处放置一个^即可。因此，尽管[123]匹配字符1、2或3，但[^123]却匹配除这些字符外的任何东西。

9.2.4 匹配范围

集合可用来定义要匹配的一个或多个字符。例如，下面的集合将匹配数字0到9：

[0123456789]

为简化这种类型的集合，可使用-来定义一个范围。下面的式子功能上等同于上述数字列表：

[0-9]

范围不限于完整的集合，[1-3]和[6-9]也是合法的范围。此外，范围不一定只是数值的，[a-z]匹配任意字母字符。

举一个例子：

输入
```
SELECT prod_name
FROM products
WHFRF prod_name REGEXP '[1-5] Ton'
ORDER BY prod_name;
```

输出
```
+--------------+
| prod_name    |
+--------------+
| .5 ton anvil |
| 1 ton anvil  |
| 2 ton anvil  |
+--------------+
```

分析　这里使用正则表达式[1-5] Ton。[1-5]定义了一个范围，这个表达式意思是匹配1到5，因此返回3个匹配行。由于5 ton匹配，所以返回.5 ton。

73

9.2.5　匹配特殊字符

正则表达式语言由具有特定含义的特殊字符构成。我们已经看到.、[]、|和-等，还有其他一些字符。请问，如果你需要匹配这些字符，应该怎么办呢？例如，如果要找出包含.字符的值，怎样搜索？请看下面的例子：

输入
```
SELECT vend_name
FROM vendors
WHERE vend_name REGEXP '.'
ORDER BY vend_name;
```

```
+----------------+
| vend_name      |
+----------------+
| ACME           |
| Anvils R Us    |
| Furball Inc.   |
| Jet Set        |
| Jouets Et Ours |
| LT Supplies    |
+----------------+
```

分析　这并不是期望的输出，.匹配任意字符，因此每个行都被检索出来。

为了匹配特殊字符，必须用\\为前导。\\-表示查找-，\\.表示查找.。

输入
```
SELECT vend_name
FROM vendors
WHERE vend_name REGEXP '\\.'
ORDER BY vend_name;
```

74

输出
```
+---------------+
| vend_name     |
+---------------+
| Furball Inc.  |
+---------------+
```

分析　这才是期望的输出。\\.匹配.，所以只检索出一行。这种处理就是所谓的转义（escaping），正则表达式内具有特殊意义的所有字符都必须以这种方式转义。这包括.、|、[]以及迄今为止使用过的其他特殊字符。

\\也用来引用元字符（具有特殊含义的字符），如表9-1所列。

表9-1　空白元字符

元　字　符	说　　明
\\f	换页
\\n	换行
\\r	回车
\\t	制表
\\v	纵向制表

匹配　为了匹配反斜杠（\\）字符本身，需要使用\\\\\\。

\\或\\\\?　多数正则表达式实现使用单个反斜杠转义特殊字符，以便能使用这些字符本身。但MySQL要求两个反斜杠（MySQL自己解释一个，正则表达式库解释另一个）。

75

9.2.6 匹配字符类

存在找出你自己经常使用的数字、所有字母字符或所有数字字母字符等的匹配。为更方便工作，可以使用预定义的字符集，称为字符类（character class）。表9-2列出字符类以及它们的含义。

表9-2　字符类

类	说　明
[:alnum:]	任意字母和数字（同[a-zA-Z0-9]）
[:alpha:]	任意字符（同[a-zA-Z]）
[:blank:]	空格和制表（同[\\t]）
[:cntrl:]	ASCII控制字符（ASCII 0到31和127）
[:digit:]	任意数字（同[0-9]）
[:graph:]	与[:print:]相同，但不包括空格
[:lower:]	任意小写字母（同[a-z]）
[:print:]	任意可打印字符
[:punct:]	既不在[:alnum:]又不在[:cntrl:]中的任意字符
[:space:]	包括空格在内的任意空白字符（同[\\f\\n\\r\\t\\v]）
[:upper:]	任意大写字母（同[A-Z]）
[:xdigit:]	任意十六进制数字（同[a-fA-F0-9]）

9.2.7 匹配多个实例

目前为止使用的所有正则表达式都试图匹配单次出现。如果存在一个匹配，该行被检索出来，如果不存在，检索不出任何行。但有时需要对匹配的数目进行更强的控制。例如，你可能需要寻找所有的数，不管数中包含多少数字，或者你可能想寻找一个单词并且还能够适应一个尾随的s（如果存在），等等。

这可以用表9-3列出的正则表达式重复元字符来完成。

表9-3　重复元字符

元　字　符	说　明
*	0个或多个匹配
+	1个或多个匹配（等于{1,}）
?	0个或1个匹配（等于{0,1}）
{n}	指定数目的匹配
{n,}	不少于指定数目的匹配
{n,m}	匹配数目的范围（m不超过255）

下面举几个例子。

输入
```
SELECT prod_name
FROM products
WHERE prod_name REGEXP '\\([0-9] sticks?\\)'
ORDER BY prod_name;
```

输出
```
+----------------+
| prod_name      |
+----------------+
| TNT (1 stick)  |
| TNT (5 sticks) |
+----------------+
```

分析 正则表达式\\([0-9] sticks?\\)需要解说一下。\\(匹配(,
[0-9]匹配任意数字（这个例子中为1和5），sticks?匹配
stick和sticks（s后的?使s可选，因为?匹配它前面的任何字符的0次
或1次出现），\\)匹配)。没有?，匹配stick和sticks会非常困难。 77

以下是另一个例子。这次我们打算匹配连在一起的4位数字：

输入
```
SELECT prod_name
FROM products
WHERE prod_name REGEXP '[[:digit:]]{4}'
ORDER BY prod_name;
```

输出
```
+--------------+
| prod_name    |
+--------------+
| JetPack 1000 |
| JetPack 2000 |
+--------------+
```

分析 如前所述，[:digit:]匹配任意数字，因而它为数字的一个集
合。{4}确切地要求它前面的字符（任意数字）出现4次，所以
[[:digit:]]{4}匹配连在一起的任意4位数字。

需要注意的是，在使用正则表达式时，编写某个特殊的表达式几乎
总是有不止一种方法。上面的例子也可以如下编写：

输入⌐
```
SELECT prod_name
FROM products
WHERE prod_name REGEXP '[0-9][0-9][0-9][0-9]'
ORDER BY prod_name;
```

9.2.8　定位符

目前为止的所有例子都是匹配一个串中任意位置的文本。为了匹配

78 特定位置的文本，需要使用表9-4列出的定位符。

表9-4 定位元字符

元 字 符	说 明
^	文本的开始
$	文本的结尾
[[:<:]]	词的开始
[[:>:]]	词的结尾

例如，如果你想找出以一个数（或小数点）开始的所有产品，怎么办？简单搜索[0-9\\.]（或[[:digit:]\\.]）不行，因为它将在文本内任意位置查找匹配。解决办法是使用^定位符，如下所示：

```
SELECT prod_name
FROM products
WHERE prod_name REGEXP '^[0-9\\.]'
ORDER BY prod_name;
+--------------+
| prod_name    |
+--------------+
| .5 ton anvil |
| 1 ton anvil  |
| 2 ton anvil  |
+--------------+
```

 分析 ^匹配串的开始。因此，^[0-9\\.]只在.或任意数字为串中第一个字符时才匹配它们。没有^，则还要多检索出4个别的行（那79 些中间有数字的行）。

^的双重用途 ^有两种用法。在集合中（用[和]定义），用它来否定该集合，否则，用来指串的开始处。

使REGEXP起类似LIKE的作用 本章前面说过，LIKE和REGEXP的不同在于，LIKE匹配整个串而REGEXP匹配子串。利用定位符，通过用^开始每个表达式，用$结束每个表达式，可以使REGEXP的作用与LIKE一样。

简单的正则表达式测试 可以在不使用数据库表的情况下用 SELECT来测试正则表达式。REGEXP检查总是返回0(没有匹配) 或1（匹配）。可以用带文字串的REGEXP来测试表达式，并试 验它们。相应的语法如下：

SELECT 'hello' REGEXP '[0-9]';

这个例子显然将返回0（因为文本hello中没有数字）。

9.3 小结

本章介绍了正则表达式的基础知识，学习了如何在MySQL的SELECT 语句中通过REGEXP关键字使用它们。

80

第 10 章

创建计算字段

本章介绍什么是计算字段，如何创建计算字段以及怎样从应用程序中使用别名引用它们。

10.1 计算字段

存储在数据库表中的数据一般不是应用程序所需要的格式。下面举几个例子。

- ❏ 如果想在一个字段中既显示公司名，又显示公司的地址，但这两个信息一般包含在不同的表列中。
- ❏ 城市、州和邮政编码存储在不同的列中（应该这样），但邮件标签打印程序却需要把它们作为一个恰当格式的字段检索出来。
- ❏ 列数据是大小写混合的，但报表程序需要把所有数据按大写表示出来。
- ❏ 物品订单表存储物品的价格和数量，但不需要存储每个物品的总价格（用价格乘以数量即可）。为打印发票，需要物品的总价格。
- ❏ 需要根据表数据进行总数、平均数计算或其他计算。

在上述每个例子中，存储在表中的数据都不是应用程序所需要的。我们需要直接从数据库中检索出转换、计算或格式化过的数据；而不是检索出数据，然后再在客户机应用程序或报告程序中重新格式化。

这就是计算字段发挥作用的所在了。与前面各章介绍过的列不同，计算字段并不实际存于数据库表中。计算字段是运行时在SELECT语句内创建的。

字段（field） 基本上与列（column）的意思相同，经常互换使用，不过数据库列一般称为列，而术语字段通常用在计算字段的连接上。

重要的是要注意到，只有数据库知道SELECT语句中哪些列是实际的表列，哪些列是计算字段。从客户机（如应用程序）的角度来看，计算字段的数据是以与其他列的数据相同的方式返回的。

 客户机与服务器的格式 可在SQL语句内完成的许多转换和格式化工作都可以直接在客户机应用程序内完成。但一般来说，在数据库服务器上完成这些操作比在客户机中完成要快得多，因为DBMS是设计来快速有效地完成这种处理的。

10.2 拼接字段

为了说明如何使用计算字段，举一个创建由两列组成的标题的简单例子。

vendors表包含供应商名和位置信息。假如要生成一个供应商报表，需要在供应商的名字中按照name(location)这样的格式列出供应商的位置。

此报表需要单个值，而表中数据存储在两个列vend_name和vend_country中。此外，需要用括号将vend_country括起来，这些东西都没有明确存储在数据库表中。我们来看看怎样编写返回供应商名和位置的SELECT语句。

82

 拼接（concatenate） 将值联结到一起构成单个值。

解决办法是把两个列拼接起来。在MySQL的SELECT语句中，可使用Concat()函数来拼接两个列。

MySQL的不同之处 多数DBMS使用+或||来实现拼接，MySQL则使用Concat()函数来实现。当把SQL语句转换成MySQL语句时一定要把这个区别铭记在心。

输入
```
SELECT Concat(vend_name, ' (', vend_country, ')')
FROM vendors
ORDER BY vend_name;
```

输出
```
+--------------------------------------------+
| Concat(vend_name, ' (', vend_country, ')') |
+--------------------------------------------+
| ACME (USA)                                 |
| Anvils R Us (USA)                          |
| Furball Inc. (USA)                         |
| Jet Set (England)                          |
| Jouets Et Ours (France)                    |
| LT Supplies (USA)                          |
+--------------------------------------------+
```

分析 Concat()拼接串，即把多个串连接起来形成一个较长的串。Concat()需要一个或多个指定的串，各个串之间用逗号分隔。上面的SELECT语句连接以下4个元素：

- ❏ 存储在vend_name列中的名字；
- ❏ 包含一个空格和一个左圆括号的串；
- ❏ 存储在vend_country列中的国家；
- ❏ 包含一个右圆括号的串。

从上述输出中可以看到，SELECT语句返回包含上述4个元素的单个列（计算字段）。

在第8章中曾提到通过删除数据右侧多余的空格来整理数据，这可以使用MySQL的RTrim()函数来完成，如下所示：

输入
```
SELECT Concat(RTrim(vend_name), ' (', RTrim(vend_country), ')')
FROM vendors
ORDER BY vend_name;
```

分析 RTrim()函数去掉值右边的所有空格。通过使用RTrim()，各个列都进行了整理。

Trim函数 MySQL除了支持RTrim()（正如刚才所见，它去掉串右边的空格），还支持LTrim()（去掉串左边的空格）以及Trim()（去掉串左右两边的空格）。

使用别名

从前面的输出中可以看到，SELECT语句拼接地址字段工作得很好。但此新计算列的名字是什么呢？实际上它没有名字，它只是一个值。如果仅在SQL查询工具中查看一下结果，这样没有什么不好。但是，一个未 [84] 命名的列不能用于客户机应用中，因为客户机没有办法引用它。

为了解决这个问题，SQL支持列别名。别名（alias）是一个字段或值的替换名。别名用AS关键字赋予。请看下面的SELECT语句：

输入
```
SELECT Concat(RTrim(vend_name), ' (', RTrim(vend_country), ')') AS
vend_title
FROM vendors
ORDER BY vend_name;
```

输出
```
+------------------------+
| vend_title             |
+------------------------+
| ACME (USA)             |
| Anvils R Us (USA)      |
| Furball Inc. (USA)     |
| Jet Set (England)      |
| Jouets Et Ours (France)|
| LT Supplies (USA)      |
+------------------------+
```

分析 SELECT语句本身与以前使用的相同，只不过这里的语句中计算字段之后跟了文本AS vend_title。它指示SQL创建一个包含指定计算的名为vend_title的计算字段。从输出中可以看到，结果与以前的相同，但现在列名为vend_title，任何客户机应用都可以按名引用这个列，就像它是一个实际的表列一样。

 别名的其他用途 别名还有其他用途。常见的用途包括在实际的表列名包含不符合规定的字符（如空格）时重新命名它，在原来的名字含混或容易误解时扩充它，等等。 [85]

导出列　别名有时也称为导出列（derived column），不管称为什么，它们所代表的都是相同的东西。

10.3 执行算术计算

计算字段的另一常见用途是对检索出的数据进行算术计算。举一个例子，orders表包含收到的所有订单，orderitems表包含每个订单中的各项物品。下面的SQL语句检索订单号20005中的所有物品：

输入
```
SELECT prod_id, quantity, item_price
FROM orderitems
WHERE order_num = 20005;
```
输出
```
+---------+----------+------------+
| prod_id | quantity | item_price |
+---------+----------+------------+
| ANV01   |       10 |       5.99 |
| ANV02   |        3 |       9.99 |
| TNT2    |        5 |      10.00 |
| FB      |        1 |      10.00 |
+---------+----------+------------+
```

item_price列包含订单中每项物品的单价。如下汇总物品的价格（单价乘以订购数量）：

输入
```
SELECT prod_id,
       quantity,
       item_price,
       quantity*item_price AS expanded_price
FROM orderitems
WHERE order_num = 20005;
```
输出
```
+---------+----------+------------+----------------+
| prod_id | quantity | item_price | expanded_price |
+---------+----------+------------+----------------+
| ANV01   |       10 |       5.99 |          59.90 |
| ANV02   |        3 |       9.99 |          29.97 |
| TNT2    |        5 |      10.00 |          50.00 |
| FB      |        1 |      10.00 |          10.00 |
+---------+----------+------------+----------------+
```

分析　输出中显示的expanded_price列为一个计算字段，此计算为quantity*item_price。客户机应用现在可以使用这个新计算列，就像使用其他列一样。

MySQL支持表10-1中列出的基本算术操作符。此外，圆括号可用来区分优先顺序。关于优先顺序的介绍，请参阅第7章。

表10-1 MySQL算术操作符

操 作 符	说 明
+	加
-	减
*	乘
/	除

如何测试计算 SELECT提供了测试和试验函数与计算的一个很好的办法。虽然SELECT通常用来从表中检索数据，但可以省略FROM子句以便简单地访问和处理表达式。例如，SELECT 3*2;将返回6，SELECT Trim('abc');将返回abc，而SELECT Now()利用Now()函数返回当前日期和时间。通过这些例子，可以明白如何根据需要使用SELECT进行试验。

87

10.4 小结

本章介绍了计算字段以及如何创建计算字段。我们用例子说明了计算字段在串拼接和算术计算的用途。此外，还学习了如何创建和使用别名，以便应用程序能引用计算字段。

88

第11章

使用数据处理函数

本章介绍什么是函数，MySQL支持何种函数，以及如何使用这些函数。

11.1 函数

与其他大多数计算机语言一样，SQL支持利用函数来处理数据。函数一般是在数据上执行的，它给数据的转换和处理提供了方便。

在前一章中用来去掉串尾空格的`RTrim()`就是一个函数的例子。

 函数没有SQL的可移植性强 能运行在多个系统上的代码称为可移植的（portable）。相对来说，多数SQL语句是可移植的，在SQL实现之间有差异时，这些差异通常不那么难处理。而函数的可移植性却不强。几乎每种主要的DBMS的实现都支持其他实现不支持的函数，而且有时差异还很大。

为了代码的可移植，许多SQL程序员不赞成使用特殊实现的功能。虽然这样做很有好处，但不总是利于应用程序的性能。如果不使用这些函数，编写某些应用程序代码会很艰难。必须利用其他方法来实现DBMS非常有效地完成的工作。

如果你决定使用函数，应该保证做好代码注释，以便以后你（或其他人）能确切地知道所编写SQL代码的含义。

11.2 使用函数

大多数SQL实现支持以下类型的函数。

❑ 用于处理文本串（如删除或填充值，转换值为大写或小写）的文本函数。

☐ 用于在数值数据上进行算术操作（如返回绝对值，进行代数运算）的数值函数。

☐ 用于处理日期和时间值并从这些值中提取特定成分（例如，返回两个日期之差，检查日期有效性等）的日期和时间函数。

☐ 返回DBMS正使用的特殊信息（如返回用户登录信息，检查版本细节）的系统函数。

11.2.1 文本处理函数

上一章中我们已经看过一个文本处理函数的例子，其中使用RTrim()函数来去除列值右边的空格。下面是另一个例子，这次使用Upper()函数：

```
SELECT vend_name, Upper(vend_name) AS vend_name_upcase
FROM vendors
ORDER BY vend_name;
```

输出

```
+----------------+------------------+
| vend_name      | vend_name_upcase |
+----------------+------------------+
| ACME           | ACME             |
| Anvils R Us    | ANVILS R US      |
| Furball Inc.   | FURBALL INC.     |
| Jet Set        | JET SET          |
| Jouets Et Ours | JOUETS ET OURS   |
| LT Supplies    | LT SUPPLIES      |
+----------------+------------------+
```

90

分析　正如所见，Upper()将文本转换为大写，因此本例子中每个供应商都列出两次，第一次为vendors表中存储的值，第二次作为列vend_name_upcase转换为大写。

表11-1列出了某些常用的文本处理函数。

表11-1　常用的文本处理函数

函　　数	说　　明
Left()	返回串左边的字符
Length()	返回串的长度
Locate()	找出串的一个子串
Lower()	将串转换为小写
LTrim()	去掉串左边的空格
Right()	返回串右边的字符

（续）

函　数	说　明
RTrim()	去掉串右边的空格
Soundex()	返回串的SOUNDEX值
SubString()	返回子串的字符
Upper()	将串转换为大写

　　表11-1中的SOUNDEX需要做进一步的解释。SOUNDEX是一个将任何文本串转换为描述其语音表示的字母数字模式的算法。SOUNDEX考虑了类似的发音字符和音节，使得能对串进行发音比较而不是字母比较。虽然SOUNDEX不是SQL概念，但MySQL（就像多数DBMS一样）都提供对SOUNDEX的支持。

91

　　下面给出一个使用Soundex()函数的例子。customers表中有一个顾客Coyote Inc.，其联系名为Y.Lee。但如果这是输入错误，此联系名实际应该是Y.Lie，怎么办？显然，按正确的联系名搜索不会返回数据，如下所示：

输入
```
SELECT cust_name, cust_contact
FROM customers
WHERE cust_contact = 'Y. Lie';
```

输出
```
+-------------+--------------+
| cust_name   | cust_contact |
+-------------+--------------+
```

　　现在试一下使用Soundex()函数进行搜索，它匹配所有发音类似于Y.Lie的联系名：

输入
```
SELECT cust_name, cust_contact
FROM customers
WHERE Soundex(cust_contact) = Soundex('Y Lie');
```

输出
```
+-------------+--------------+
| cust_name   | cust_contact |
+-------------+--------------+
| Coyote Inc. | Y Lee        |
+-------------+--------------+
```

分析　　在这个例子中，WHERE子句使用Soundex()函数来转换cust_contact列值和搜索串为它们的SOUNDEX值。因为Y.Lee和Y.Lie发音相似，所以它们的SOUNDEX值匹配，因此WHERE子句正确地过滤出了所需的数据。

11.2.2 日期和时间处理函数

日期和时间采用相应的数据类型和特殊的格式存储，以便能快速和有效地排序或过滤，并且节省物理存储空间。

一般，应用程序不使用用来存储日期和时间的格式，因此日期和时间函数总是被用来读取、统计和处理这些值。由于这个原因，日期和时间函数在MySQL语言中具有重要的作用。

表11-2列出了某些常用的日期和时间处理函数。

表11-2　常用日期和时间处理函数

函　　数	说　　明
AddDate()	增加一个日期（天、周等）
AddTime()	增加一个时间（时、分等）
CurDate()	返回当前日期
CurTime()	返回当前时间
Date()	返回日期时间的日期部分
DateDiff()	计算两个日期之差
Date_Add()	高度灵活的日期运算函数
Date_Format()	返回一个格式化的日期或时间串
Day()	返回一个日期的天数部分
DayOfWeek()	对于一个日期，返回对应的星期几
Hour()	返回一个时间的小时部分
Minute()	返回一个时间的分钟部分
Month()	返回一个日期的月份部分
Now()	返回当前日期和时间
Second()	返回一个时间的秒部分
Time()	返回一个日期时间的时间部分
Year()	返回一个日期的年份部分

93

这是重新复习用WHERE进行数据过滤的一个好时机。迄今为止，我们都是用比较数值和文本的WHERE子句过滤数据，但数据经常需要用日期进行过滤。用日期进行过滤需要注意一些别的问题和使用特殊的MySQL函数。

首先需要注意的是MySQL使用的日期格式。无论你什么时候指定一个日期，不管是插入或更新表值还是用WHERE子句进行过滤，日期必须为格式yyyy-mm-dd。因此，2005年9月1日，给出为2005-09-01。虽然其他的日期格式可能也行，但这是首选的日期格式，因为它排除了多义性（如，04/05/06是2006年5月4日或2006年4月5日或2004年5月6日或……）。

应该总是使用4位数字的年份 支持2位数字的年份，MySQL处理00-69为2000-2069，处理70-99为1970-1999。虽然它们可能是打算要的年份，但使用完整的4位数字年份更可靠，因为MySQL不必做出任何假定。

因此，基本的日期比较应该很简单：

输入
```
SELECT cust_id, order_num
FROM orders
WHERE order_date = '2005-09-01';
+---------+-----------+
| cust_id | order_num |
+---------+-----------+
|   10001 |     20005 |
+---------+-----------+
```
输出

分析 此SELECT语句正常运行。它检索出一个订单记录，该订单记录的order_date为2005-09-01。

94

但是，使用WHERE order_date = '2005-09-01'可靠吗？order_date的数据类型为datetime。这种类型存储日期及时间值。样例表中的值全都具有时间值00:00:00，但实际中很可能并不总是这样。如果用当前日期和时间存储订单日期（因此你不仅知道订单日期，还知道下订单当天的时间），怎么办？比如，存储的order_date值为2005-09-01 11:30:05，则WHERE order_date = '2005-09-01'失败。即使给出具有该日期的一行，也不会把它检索出来，因为WHERE匹配失败。

解决办法是指示MySQL仅将给出的日期与列中的日期部分进行比较，而不是将给出的日期与整个列值进行比较。为此，必须使用Date()函数。Date(order_date)指示MySQL仅提取列的日期部分，更可靠的SELECT语句为：

```
SELECT cust_id, order_num
FROM orders
WHERE Date(order_date) = '2005-09-01';
```

如果要的是日期，请使用Date() 如果你想要的仅是日期，则使用Date()是一个良好的习惯，即使你知道相应的列只包含日期也是如此。这样，如果由于某种原因表中以后有日期和时间值，你的SQL代码也不用改变。当然，也存在一个Time()函数，在你只想要时间时应该使用它。

Date()和Time()都是在MySQL 4.1.1中第一次引入的。

在你知道了如何用日期进行相等测试后，其他操作符（在第6章中介绍）的使用也就很清楚了。

不过，还有一种日期比较需要说明。如果你想检索出2005年9月下的所有订单，怎么办？简单的相等测试不行，因为它也要匹配月份中的天数。有几种解决办法，其中之一如下所示：

▢95

输入
```
SELECT cust_id, order_num
FROM orders
WHERE Date(order_date) BETWEEN '2005-09-01' AND '2005-09-30';
```

输出
```
+---------+-----------+
| cust_id | order_num |
+---------+-----------+
|   10001 |     20005 |
|   10003 |     20006 |
|   10004 |     20007 |
+---------+-----------+
```

分析 其中，BETWEEN操作符用来把2005-09-01和2005-09-30定义为一个要匹配的日期范围。

还有另外一种办法（一种不需要记住每个月中有多少天或不需要操心闰年2月的办法）：

输入
```
SELECT cust_id, order_num
FROM orders
WHERE Year(order_date) = 2005 AND Month(order_date) = 9;
```

分析 Year()是一个从日期（或日期时间）中返回年份的函数。类似，Month()从日期中返回月份。因此，WHERE Year(order_date)

= 2005 AND Month(order_date) = 9检索出order_date为2005年9月的
所有行。

> **MySQL的版本差异** MySQL 4.1.1中增加了许多日期和时间
> 函数。如果你使用的是更早的MySQL版本，应该查阅具体的
> 文档以确定可以使用哪些函数。

96

11.2.3 数值处理函数

数值处理函数仅处理数值数据。这些函数一般主要用于代数、三角
或几何运算，因此没有串或日期-时间处理函数的使用那么频繁。

具有讽刺意味的是，在主要DBMS的函数中，数值函数是最一致最统
一的函数。表11-3列出一些常用的数值处理函数。

表11-3 常用数值处理函数

函 数	说 明
Abs()	返回一个数的绝对值
Cos()	返回一个角度的余弦
Exp()	返回一个数的指数值
Mod()	返回除操作的余数
Pi()	返回圆周率
Rand()	返回一个随机数
Sin()	返回一个角度的正弦
Sqrt()	返回一个数的平方根
Tan()	返回一个角度的正切

11.3 小结

本章介绍了如何使用SQL的数据处理函数，并着重介绍了日期处理函
数。

97

第 12 章

汇 总 数 据

本章介绍什么是SQL的聚集函数以及如何利用它们汇总表的数据。

12.1 聚集函数

我们经常需要汇总数据而不用把它们实际检索出来，为此MySQL提供了专门的函数。使用这些函数，MySQL查询可用于检索数据，以便分析和报表生成。这种类型的检索例子有以下几种。

❑ 确定表中行数（或者满足某个条件或包含某个特定值的行数）。

❑ 获得表中行组的和。

❑ 找出表列（或所有行或某些特定的行）的最大值、最小值和平均值。

上述例子都需要对表中数据（而不是实际数据本身）汇总。因此，返回实际表数据是对时间和处理资源的一种浪费（更不用说带宽了）。重复一遍，实际想要的是汇总信息。

为方便这种类型的检索，MySQL给出了5个聚集函数，见表12-1。这些函数能进行上述罗列的检索。

 聚集函数（aggregate function）　运行在行组上，计算和返回单个值的函数。

表12-1 SQL聚集函数

函　　数	说　　明
AVG()	返回某列的平均值
COUNT()	返回某列的行数
MAX()	返回某列的最大值
MIN()	返回某列的最小值
SUM()	返回某列值之和

以下说明各函数的使用。

 标准偏差　MySQL还支持一系列的标准偏差聚集函数，但本书并未涉及这些内容。

12.1.1　AVG()函数

AVG()通过对表中行数计数并计算特定列值之和，求得该列的平均值。AVG()可用来返回所有列的平均值，也可以用来返回特定列或行的平均值。

下面的例子使用AVG()返回products表中所有产品的平均价格：

100
```
SELECT AVG(prod_price) AS avg_price
FROM products;
```

```
+-----------+
| avg_price |
+-----------+
| 16.133571 |
+-----------+
```

分析　此SELECT语句返回值avg_price，它包含products表中所有产品的平均价格。如第10章所述，avg_price是一个别名。

AVG()也可以用来确定特定列或行的平均值。下面的例子返回特定供应商所提供产品的平均价格：

```
SELECT AVG(prod_price) AS avg_price
FROM products
WHERE vend_id = 1003;
```

输出
```
+-----------+
| avg_price |
+-----------+
| 13.212857 |
+-----------+
```

分析　这条SELECT语句与前一条的不同之处在于它包含了WHERE子句。此WHERE子句仅过滤出vend_id为1003的产品，因此avg_price中返回的值只是该供应商的产品的平均值。

　只用于单个列　AVG()只能用来确定特定数值列的平均值，而且列名必须作为函数参数给出。为了获得多个列的平均值，必须使用多个AVG()函数。

101

　NULL值　AVG()函数忽略列值为NULL的行。

12.1.2　COUNT()函数

COUNT()函数进行计数。可利用COUNT()确定表中行的数目或符合特定条件的行的数目。

COUNT()函数有两种使用方式。

☐ 使用COUNT(*)对表中行的数目进行计数，不管表列中包含的是空值（NULL）还是非空值。

☐ 使用COUNT(column)对特定列中具有值的行进行计数，忽略NULL值。

下面的例子返回customers表中客户的总数：

输入
```
SELECT COUNT(*) AS num_cust
FROM customers;
```

输出
```
+-----------+
| num_cust  |
+-----------+
|        5 |
+-----------+
```

分析　在此例子中，利用COUNT(*)对所有行计数，不管行中各列有什么值。计数值在num_cust中返回。

102

下面的例子只对具有电子邮件地址的客户计数：

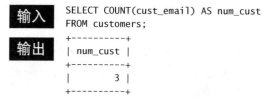

输入
```
SELECT COUNT(cust_email) AS num_cust
FROM customers;
```

输出
```
+----------+
| num_cust |
+----------+
|        3 |
+----------+
```

分析 这条SELECT语句使用COUNT(cust_email)对cust_email列中有值的行进行计数。在此例子中，cust_email的计数为3（表示5个客户中只有3个客户有电子邮件地址）。

> **NULL值** 如果指定列名，则指定列的值为空的行被COUNT()函数忽略，但如果COUNT()函数中用的是星号(*)，则不忽略。

12.1.3 MAX()函数

MAX()返回指定列中的最大值。MAX()要求指定列名，如下所示：

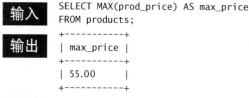

输入
```
SELECT MAX(prod_price) AS max_price
FROM products;
```

输出
```
+-----------+
| max_price |
+-----------+
| 55.00     |
+-----------+
```

103

分析 这里，MAX()返回products表中最贵的物品的价格。

> **对非数值数据使用MAX()** 虽然MAX()一般用来找出最大的数值或日期值，但MySQL允许将它用来返回任意列中的最大值，包括返回文本列中的最大值。在用于文本数据时，如果数据按相应的列排序，则MAX()返回最后一行。

> **NULL值** MAX()函数忽略列值为NULL的行。

12.1.4 MIN()函数

MIN()的功能正好与MAX()功能相反，它返回指定列的最小值。与MAX()一样，MIN()要求指定列名，如下所示：

```
SELECT MIN(prod_price) AS min_price
FROM products;
```

```
+-----------+
| min_price |
+-----------+
| 2.50      |
+-----------+
```

 其中MIN()返回products表中最便宜物品的价格。

 对非数值数据使用MIN() MIN()函数与MAX()函数类似，MySQL允许将它用来返回任意列中的最小值，包括返回文本列中的最小值。在用于文本数据时，如果数据按相应的列排序，则MIN()返回最前面的行。

 NULL值 MIN()函数忽略列值为NULL的行。

12.1.5 SUM()函数

SUM()用来返回指定列值的和（总计）。

下面举一个例子，orderitems表包含订单中实际的物品，每个物品有相应的数量（quantity）。可如下检索所订购物品的总数（所有quantity值之和）：

```
SELECT SUM(quantity) AS items_ordered
FROM orderitems
WHERE order_num = 20005;
```

```
+---------------+
| items_ordered |
+---------------+
| 19            |
+---------------+
```

105

分析　函数SUM(quantity)返回订单中所有物品数量之和，WHERE子句保证只统计某个物品订单中的物品。

SUM()也可以用来合计计算值。在下面的例子中，合计每项物品的item_price*quantity，得出总的订单金额：

输入
```
SELECT SUM(item_price*quantity) AS total_price
FROM orderitems
WHERE order_num = 20005;
```

输出
```
+-------------+
| total_price |
+-------------+
|      149.87 |
+-------------+
```

分析　函数SUM(item_price*quantity)返回订单中所有物品价钱之和，WHERE子句同样保证只统计某个物品订单中的物品。

在多个列上进行计算　如本例所示，利用标准的算术操作符，所有聚集函数都可用来执行多个列上的计算。

NULL值　SUM()函数忽略列值为NULL的行。

12.2　聚集不同值

MySQL 5及后期版本　下面将要介绍的聚集函数的DISTINCT的使用，已经被添加到MySQL 5.0.3中。下面所述内容在MySQL 4.x中不能正常运行。

106

以上5个聚集函数都可以如下使用：

❑ 对所有的行执行计算，指定ALL参数或不给参数（因为ALL是默认行为）；

❑ 只包含不同的值，指定DISTINCT参数。

ALL为默认　ALL参数不需要指定，因为它是默认行为。如果不指定DISTINCT，则假定为ALL。

下面的例子使用AVG()函数返回特定供应商提供的产品的平均价格。它与上面的SELECT语句相同，但使用了DISTINCT参数，因此平均值只考虑各个不同的价格：

```
SELECT AVG(DISTINCT prod_price) AS avg_price
FROM products
WHERE vend_id = 1003;
+-----------+
| avg_price |
+-----------+
| 15.998000 |
+-----------+
```

可以看到，在使用了DISTINCT后，此例子中的avg_price比较高，因为有多个物品具有相同的较低价格。排除它们提升了平均价格。

107

注意　如果指定列名，则DISTINCT只能用于COUNT(列名)。DISTINCT 不 能 用 于 COUNT(*)，因 此 不 允 许 使 用 COUNT(DISTINCT *)，否则会产生错误。类似地，DISTINCT 必须使用列名，不能用于计算或表达式。

将DISTINCT用于MIN()和MAX()　虽然DISTINCT从技术上可用于MIN()和MAX()，但这样做实际上没有价值。一个列中的最小值和最大值不管是否包含不同值都是相同的。

12.3 组合聚集函数

目前为止的所有聚集函数例子都只涉及单个函数。但实际上SELECT语句可根据需要包含多个聚集函数。请看下面的例子：

```
SELECT COUNT(*) AS num_items,
       MIN(prod_price) AS price_min,
       MAX(prod_price) AS price_max,
       AVG(prod_price) AS price_avg
FROM products;
```

输出

```
+-----------+-----------+-----------+-----------+
| num_items | price_min | price_max | price_avg |
+-----------+-----------+-----------+-----------+
|        14 |      2.50 |     55.00 | 16.133571 |
+-----------+-----------+-----------+-----------+
```

分析 这里用单条SELECT语句执行了4个聚集计算，返回4个值（products表中物品的数目，产品价格的最低、最高以及平均值）。

108

取别名 在指定别名以包含某个聚集函数的结果时，不应该使用表中实际的列名。虽然这样做并非不合法，但使用唯一的名字会使你的SQL更易于理解和使用（以及将来容易排除故障）。

12.4 小结

聚集函数用来汇总数据。MySQL支持一系列聚集函数，可以用多种方法使用它们以返回所需的结果。这些函数是高效设计的，它们返回结果一般比你在自己的客户机应用程序中计算要快得多。

109

第 13 章

分 组 数 据

本章将介绍如何分组数据，以便能汇总表内容的子集。这涉及两个新SELECT语句子句，分别是GROUP BY子句和HAVING子句。

13.1 数据分组

从上一章知道，SQL聚集函数可用来汇总数据。这使我们能够对行进行计数，计算和与平均数，获得最大和最小值而不用检索所有数据。

目前为止的所有计算都是在表的所有数据或匹配特定的WHERE子句的数据上进行的。提示一下，下面的例子返回供应商1003提供的产品数目：

输入
```
SELECT COUNT(*) AS num_prods
FROM products
WHERE vend_id = 1003;
```

输出
```
+-----------+
| num_prods |
+-----------+
|         7 |
+-----------+
```

但如果要返回每个供应商提供的产品数目怎么办？或者返回只提供单项产品的供应商所提供的产品，或返回提供10个以上产品的供应商怎么办？

这就是分组显身手的时候了。分组允许把数据分为多个逻辑组，以便能对每个组进行聚集计算。

13.2 创建分组

分组是在SELECT语句的GROUP BY子句中建立的。理解分组的最好办法是看一个例子：

输入
```
SELECT vend_id, COUNT(*) AS num_prods
FROM products
GROUP BY vend_id;
```

输出

vend_id	num_prods
1001	3
1002	2
1003	7
1005	2

分析 上面的SELECT语句指定了两个列，vend_id包含产品供应商的ID，num_prods为计算字段（用COUNT(*)函数建立）。GROUP BY子句指示MySQL按vend_id排序并分组数据。这导致对每个vend_id而不是整个表计算num_prods一次。从输出中可以看到，供应商1001有3个产品，供应商1002有2个产品，供应商1003有7个产品，而供应商1005有2个产品。

因为使用了GROUP BY，就不必指定要计算和估值的每个组了。系统会自动完成。GROUP BY子句指示MySQL分组数据，然后对每个组而不是整个结果集进行聚集。

在具体使用GROUP BY子句前，需要知道一些重要的规定。

❑ GROUP BY子句可以包含任意数目的列。这使得能对分组进行嵌套，为数据分组提供更细致的控制。

❑ 如果在GROUP BY子句中嵌套了分组，数据将在最后规定的分组上进行汇总。换句话说，在建立分组时，指定的所有列都一起计算（所以不能从个别的列取回数据）。

❑ GROUP BY子句中列出的每个列都必须是检索列或有效的表达式（但不能是聚集函数）。如果在SELECT中使用表达式，则必须在GROUP BY子句中指定相同的表达式。不能使用别名。

❑ 除聚集计算语句外，SELECT语句中的每个列都必须在GROUP BY子句中给出。

❑ 如果分组列中具有NULL值，则NULL将作为一个分组返回。如果列中有多行NULL值，它们将分为一组。

❑ GROUP BY子句必须出现在WHERE子句之后，ORDER BY子句之前。

使用ROLLUP 使用**WITH ROLLUP**关键字，可以得到每个分组以及每个分组汇总级别（针对每个分组）的值，如下所示：

```
SELECT vend_id, COUNT(*) AS num_prods
FROM products
GROUP BY vend_id WITH ROLLUP;
```

13.3　过滤分组

除了能用GROUP BY分组数据外，MySQL还允许过滤分组，规定包括哪些分组，排除哪些分组。例如，可能想要列出至少有两个订单的所有顾客。为得出这种数据，必须基于完整的分组而不是个别的行进行过滤。

我们已经看到了WHERE子句的作用（第6章中引入）。但是，在这个例子中WHERE不能完成任务，因为WHERE过滤指定的是行而不是分组。事实上，WHERE没有分组的概念。

那么，不使用WHERE使用什么呢？MySQL为此目的提供了另外的子句，那就是HAVING子句。HAVING非常类似于WHERE。事实上，目前为止所学过的所有类型的WHERE子句都可以用HAVING来替代。唯一的差别是WHERE过滤行，而HAVING过滤分组。

HAVING支持所有WHERE操作符 在第6章和第7章中，我们学习了WHERE子句的条件（包括通配符条件和带多个操作符的子句）。所学过的有关WHERE的所有这些技术和选项都适用于HAVING。它们的句法是相同的，只是关键字有差别。

那么，怎么过滤分组呢？请看以下的例子：

输入
```
SELECT cust_id, COUNT(*) AS orders
FROM orders
GROUP BY cust_id
HAVING COUNT(*) >= 2;
```
输出
```
+---------+--------+
| cust_id | orders |
+---------+--------+
|   10001 |      2 |
+---------+--------+
```

113

分析 这条SELECT语句的前3行类似于上面的语句。最后一行增加了HAVING子句，它过滤COUNT(*) >=2（两个以上的订单）的那些分组。

正如所见，这里WHERE子句不起作用，因为过滤是基于分组聚集值而不是特定行值的。

 HAVING和WHERE的差别 这里有另一种理解方法，WHERE在数据分组前进行过滤，HAVING在数据分组后进行过滤。这是一个重要的区别，WHERE排除的行不包括在分组中。这可能会改变计算值，从而影响HAVING子句中基于这些值过滤掉的分组。

那么，有没有在一条语句中同时使用WHERE和HAVING子句的需要呢？事实上，确实有。假如想进一步过滤上面的语句，使它返回过去12个月内具有两个以上订单的顾客。为达到这一点，可增加一条WHERE子句，过滤出过去12个月内下过的订单。然后再增加HAVING子句过滤出具有两个以上订单的分组。

为更好地理解，请看下面的例子，它列出具有2个（含）以上、价格为10（含）以上的产品的供应商：

输入
```
SELECT vend_id, COUNT(*) AS num_prods
FROM products
WHERE prod_price >= 10
GROUP BY vend_id
HAVING COUNT(*) >= 2;
```

输出
```
+---------+-----------+
| vend_id | num_prods |
+---------+-----------+
|    1003 |         4 |
|    1005 |         2 |
+---------+-----------+
```

分析 这条语句中，第一行是使用了聚集函数的基本SELECT，它与前面的例子很相像。WHERE子句过滤所有prod_price至少为10的行。然后按vend_id分组数据，HAVING子句过滤计数为2或2以上的分组。如果没有WHERE子句，将会多检索出两行（供应商1002，销售的所有产品价格都在10以下；供应商1001，销售3个产品，但只有一个产品的价格大于等于10）：

```
SELECT vend_id, COUNT(*) AS num_prods
FROM products
GROUP BY vend_id
HAVING COUNT(*) >= 2;
```

```
+---------+-----------+
| vend_id | num_prods |
+---------+-----------+
|    1001 |         3 |
|    1002 |         2 |
|    1003 |         7 |
|    1005 |         2 |
+---------+-----------+
```

13.4 分组和排序

虽然GROUP BY和ORDER BY经常完成相同的工作，但它们是非常不同的。表13-1汇总了它们之间的差别。

116

表13-1 ORDER BY与GROUP BY

ORDER BY	GROUP BY
排序产生的输出	分组行。但输出可能不是分组的顺序
任意列都可以使用（甚至非选择的列也可以使用）	只可能使用选择列或表达式列，而且必须使用每个选择列表达式
不一定需要	如果与聚集函数一起使用列（或表达式），则必须使用

表13-1中列出的第一项差别极为重要。我们经常发现用GROUP BY分组的数据确实是以分组顺序输出的。但情况并不总是这样，它并不是SQL规范所要求的。此外，用户也可能会要求以不同于分组的顺序排序。仅因为你以某种方式分组数据（获得特定的分组聚集值），并不表示你需要以相同的方式排序输出。应该提供明确的ORDER BY子句，即使其效果等同于GROUP BY子句也是如此。

不要忘记ORDER BY　一般在使用GROUP BY子句时，应该也给出ORDER BY子句。这是保证数据正确排序的唯一方法。千万不要仅依赖GROUP BY排序数据。

为说明GROUP BY和ORDER BY的使用方法，请看一个例子。下面的SELECT语句类似于前面那些例子。它检索总计订单价格大于等于50的订单的订单号和总计订单价格：

输入

```
SELECT order_num, SUM(quantity*item_price) AS ordertotal
FROM orderitems
GROUP BY order_num
HAVING SUM(quantity*item_price) >= 50;
```

117

输出

```
+-----------+------------+
| order_num | ordertotal |
+-----------+------------+
|     20005 | 149.87     |
|     20006 | 55.00      |
|     20007 | 1000.00    |
|     20008 | 125.00     |
+-----------+------------+
```

为按总计订单价格排序输出，需要添加ORDER BY子句，如下所示：

输入

```
SELECT order_num, SUM(quantity*item_price) AS ordertotal
FROM orderitems
GROUP BY order_num
HAVING SUM(quantity*item_price) >= 50
ORDER BY ordertotal;
```

输出

```
+-----------+------------+
| order_num | ordertotal |
+-----------+------------+
|     20006 | 55.00      |
|     20008 | 125.00     |
|     20005 | 149.87     |
|     20007 | 1000.00    |
+-----------+------------+
```

分析   在这个例子中，GROUP BY子句用来按订单号（order_num列）分组数据，以便SUM(*)函数能够返回总计订单价格。HAVING子句过滤数据，使得只返回总计订单价格大于等于50的订单。最后，用ORDER BY子句排序输出。

118

13.5   SELECT子句顺序

下面回顾一下SELECT语句中子句的顺序。表13-2以在SELECT语句中使用时必须遵循的次序，列出迄今为止所学过的子句。

表13-2   SELECT子句及其顺序

子 句	说 明	是否必须使用
SELECT	要返回的列或表达式	是
FROM	从中检索数据的表	仅在从表选择数据时使用
WHERE	行级过滤	否

（续）

子　句	说　明	是否必须使用
GROUP BY	分组说明	仅在按组计算聚集时使用
HAVING	组级过滤	否
ORDER BY	输出排序顺序	否
LIMIT	要检索的行数	否

13.6　小结

在第12章中，我们学习了如何用SQL聚集函数对数据进行汇总计算。本章讲授了如何使用GROUP BY子句对数据组进行这些汇总计算，返回每个组的结果。我们看到了如何使用HAVING子句过滤特定的组，还知道了ORDER BY和GROUP BY之间以及WHERE和HAVING之间的差异。

119

第 14 章

使用子查询

本章介绍什么是子查询以及如何使用它们。

14.1 子查询

版本要求 MySQL 4.1引入了对子查询的支持,所以要想使用本章描述的SQL,必须使用MySQL 4.1或更高级的版本。

SELECT语句是SQL的查询。迄今为止我们所看到的所有SELECT语句都是简单查询,即从单个数据库表中检索数据的单条语句。

查询(query) 任何SQL语句都是查询。但此术语一般指SELECT语句。

SQL还允许创建子查询(subquery),即嵌套在其他查询中的查询。为什么要这样做呢?理解这个概念的最好方法是考察几个例子。

14.2 利用子查询进行过滤

本书所有章中使用的数据库表都是关系表(关于每个表及关系的描述,请参阅附录B)。订单存储在两个表中。对于包含订单号、客户ID、订单日期的每个订单,orders表存储一行。各订单的物品存储在相关的orderitems表中。orders表不存储客户信息。它只存储客户的ID。实际的客户信息存储在customers表中。

现在,假如需要列出订购物品TNT2的所有客户,应该怎样检索?下面列出具体的步骤。

(1) 检索包含物品TNT2的所有订单的编号。

(2) 检索具有前一步骤列出的订单编号的所有客户的ID。

(3) 检索前一步骤返回的所有客户ID的客户信息。

上述每个步骤都可以单独作为一个查询来执行。可以把一条SELECT语句返回的结果用于另一条SELECT语句的WHERE子句。

也可以使用子查询来把3个查询组合成一条语句。

第一条SELECT语句的含义很明确，对于prod_id为TNT2的所有订单物品，它检索其order_num列。输出列出两个包含此物品的订单：

输入
```
SELECT order_num
FROM orderitems
WHERE prod_id = 'TNT2';
```

输出
```
+-----------+
| order_num |
+-----------+
|     20005 |
|     20007 |
+-----------+
```

下一步，查询具有订单20005和20007的客户ID。利用第7章介绍的IN子句，编写如下的SELECT语句：

输入
```
SELECT cust_id
FROM orders
WHERE order_num IN (20005,20007);
```

输出
```
+---------+
| cust_id |
+---------+
|   10001 |
|   10004 |
+---------+
```

现在，把第一个查询（返回订单号的那一个）变为子查询组合两个查询。请看下面的SELECT语句：

输入
```
SELECT cust_id
FROM orders
WHERE order_num IN (SELECT order_num
                    FROM orderitems
                    WHERE prod_id = 'TNT2');
```

输出

```
+---------+
| cust_id |
+---------+
|   10001 |
|   10004 |
+---------+
```

分析   在SELECT语句中，子查询总是从内向外处理。在处理上面的
SELECT语句时，MySQL实际上执行了两个操作。

首先，它执行下面的查询：

```
SELECT order_num FROM orderitems WHERE prod_id='TNT2'
```

此查询返回两个订单号：**20005**和**20007**。然后，这两个值以IN操作符要
求的逗号分隔的格式传递给外部查询的WHERE子句。外部查询变成：

```
SELECT cust_id FROM orders WHERE order_num IN (20005,20007)
```

可以看到，输出是正确的并且与前面硬编码WHERE子句所返回的值相同。

格式化SQL   包含子查询的SELECT语句难以阅读和调试，特
别是它们较为复杂时更是如此。如上所示把子查询分解为多行
并且适当地进行缩进，能极大地简化子查询的使用。

现在得到了订购物品**TNT2**的所有客户的ID。下一步是检索这些客户
ID的客户信息。检索两列的SQL语句为：

输入
```
SELECT cust_name, cust_contact
FROM customers
WHERE cust_id IN (10001,10004);
```

可以把其中的WHERE子句转换为子查询而不是硬编码这些客户ID：

输入
```
SELECT cust_name, cust_contact
FROM customers
WHERE cust_id IN (SELECT cust_id
                  FROM orders
                  WHERE order_num IN (SELECT order_num
                                      FROM orderitems
                                      WHERE prod_id = 'TNT2'));
```

输出

```
+----------------+--------------+
| cust_name      | cust_contact |
+----------------+--------------+
| Coyote Inc.    | Y Lee        |
| Yosemite Place | Y Sam        |
+----------------+--------------+
```

分析 为了执行上述SELECT语句，MySQL实际上必须执行3条SELECT 语句。最里边的子查询返回订单号列表，此列表用于其外面的 子查询的WHERE子句。外面的子查询返回客户ID列表，此客户ID列表用于 最外层查询的WHERE子句。最外层查询确实返回所需的数据。

可见，在WHERE子句中使用子查询能够编写出功能很强并且很灵活的 SQL语句。对于能嵌套的子查询的数目没有限制，不过在实际使用时由于 性能的限制，不能嵌套太多的子查询。

> **列必须匹配** 在WHERE子句中使用子查询（如这里所示），应 该保证SELECT语句具有与WHERE子句中相同数目的列。通常， 子查询将返回单个列并且与单个列匹配，但如果需要也可以 使用多个列。

虽然子查询一般与IN操作符结合使用，但也可以用于测试等于（=）、 不等于（<>）等。

> **子查询和性能** 这里给出的代码有效并获得所需的结果。但 是，使用子查询并不总是执行这种类型的数据检索的最有效 的方法。更多的论述，请参阅第15章，其中将再次给出这个 例子。

125

14.3 作为计算字段使用子查询

使用子查询的另一方法是创建计算字段。假如需要显示customers 表中每个客户的订单总数。订单与相应的客户ID存储在orders表中。

为了执行这个操作，遵循下面的步骤。

(1) 从customers表中检索客户列表。

(2) 对于检索出的每个客户，统计其在orders表中的订单数目。

正如前两章所述，可使用SELECT COUNT(*)对表中的行进行计数，并 且通过提供一条WHERE子句来过滤某个特定的客户ID，可仅对该客户的订单进行计数。例如，下面的代码对客户**10001**的订单进行计数：

输入

```
SELECT COUNT(*) AS orders
FROM orders
WHERE cust_id = 10001;
```

为了对每个客户执行**COUNT(*)**计算，应该将**COUNT(*)**作为一个子查询。请看下面的代码：

输入

```
SELECT cust_name,
       cust_state,
       (SELECT COUNT(*)
        FROM orders
        WHERE orders.cust_id = customers.cust_id) AS orders
FROM customers
ORDER BY cust_name;
```

126

输出

```
+----------------+------------+--------+
| cust_name      | cust_state | orders |
+----------------+------------+--------+
| Coyote Inc.    | MI         |      2 |
| E Fudd         | IL         |      1 |
| Mouse House    | OH         |      0 |
| Wascals        | IN         |      1 |
| Yosemite Place | AZ         |      1 |
+----------------+------------+--------+
```

分析 这条 SELECT 语句对 customers 表中每个客户返回 3 列：
cust_name、cust_state和orders。orders是一个计算字段，它是由圆括号中的子查询建立的。该子查询对检索出的每个客户执行一次。在此例子中，该子查询执行了5次，因为检索出了5个客户。

子查询中的WHERE子句与前面使用的WHERE子句稍有不同，因为它使用了完全限定列名（在第4章中首次提到）。下面的语句告诉SQL比较orders表中的cust_id与当前正从customers表中检索的cust_id：

```
WHERE orders.cust_id = customers.cust_id
```

相关子查询（correlated subquery） 涉及外部查询的子查询。

这种类型的子查询称为相关子查询。任何时候只要列名可能有多义性，就必须使用这种语法（表名和列名由一个句点分隔）。为什么这样？

127 我们来看看如果不使用完全限定的列名会发生什么情况：

输入
```
SELECT cust_name,
       cust_state,
       (SELECT COUNT(*)
        FROM orders
        WHERE cust_id = cust_id) AS orders
FROM customers
ORDER BY cust_name;
```

输出
```
+----------------+------------+--------+
| cust_name      | cust_state | orders |
+----------------+------------+--------+
| Coyote Inc.    | MI         |      5 |
| E Fudd         | IL         |      5 |
| Mouse House    | OH         |      5 |
| Wascals        | IN         |      5 |
| Yosemite Place | AZ         |      5 |
+----------------+------------+--------+
```

分析 显然，返回的结果不正确（请比较前面的结果），那么，为什么会这样呢？有两个cust_id列，一个在customers中，另一个在orders中，需要比较这两个列以正确地把订单与它们相应的顾客匹配。如果不完全限定列名，MySQL将假定你是对orders表中的cust_id进行自身比较。而SELECT COUNT(*) FROM orders WHERE cust_id = cust_id;总是返回orders表中的订单总数（因为MySQL查看每个订单的cust_id是否与本身匹配，当然，它们总是匹配的）。

虽然子查询在构造这种SELECT语句时极有用，但必须注意限制有歧义性的列名。

 不止一种解决方案 正如本章前面所述，虽然这里给出的样例代码运行良好，但它并不是解决这种数据检索的最有效的方法。在后面的章节中我们还要遇到这个例子。

 逐渐增加子查询来建立查询 用子查询测试和调试查询很有技巧性，特别是在这些语句的复杂性不断增加的情况下更是如此。用子查询建立（和测试）查询的最可靠的方法是逐渐进行，这与MySQL处理它们的方法非常相同。首先，建立和测试最内层的查询。然后，用硬编码数据建立和测试外层查询，并且仅在确认它正常后才嵌入子查询。这时，再次测试它。对于要增加的每个查询，重复这些步骤。这样做仅给构造查询增加了一点点时间，但节省了以后（找出查询为什么不正常）的大量时间，并且极大地提高了查询一开始就正常工作的可能性。

14.4   小结

本章学习了什么是子查询以及如何使用它们。子查询最常见的使用是在WHERE子句的IN操作符中，以及用来填充计算列。我们举了这两种操作类型的例子。

第 15 章

联 结 表

本章将介绍什么是联结，为什么要使用联结，如何编写使用联结的SELECT语句。

15.1 联结

SQL最强大的功能之一就是能在数据检索查询的执行中联结（join）表。联结是利用SQL的SELECT能执行的最重要的操作，很好地理解联结及其语法是学习SQL的一个极为重要的组成部分。

在能够有效地使用联结前，必须了解关系表以及关系数据库设计的一些基础知识。下面的介绍并不是这个内容的全部知识，但作为入门已经足够了。

15.1.1 关系表

理解关系表的最好方法是来看一个现实世界中的例子。

假如有一个包含产品目录的数据库表，其中每种类别的物品占一行。对于每种物品要存储的信息包括产品描述和价格，以及生产该产品的供应商信息。

现在，假如有由同一供应商生产的多种物品，那么在何处存储供应商信息（如，供应商名、地址、联系方法等）呢？将这些数据与产品信息分开存储的理由如下。

❑ 因为同一供应商生产的每个产品的供应商信息都是相同的，对每个产品重复此信息既浪费时间又浪费存储空间。

❑ 如果供应商信息改变（例如，供应商搬家或电话号码变动），只需改动一次即可。

❑ 如果有重复数据（即每种产品都存储供应商信息），很难保证每次输入该数据的方式都相同。不一致的数据在报表中很难利用。

关键是，相同数据出现多次决不是一件好事，此因素是关系数据库设计的基础。关系表的设计就是要保证把信息分解成多个表，一类数据一个表。各表通过某些常用的值（即关系设计中的关系（relational））互相关联。

在这个例子中，可建立两个表，一个存储供应商信息，另一个存储产品信息。vendors表包含所有供应商信息，每个供应商占一行，每个供应商具有唯一的标识。此标识称为主键（primary key）（在第1章中首次提到），可以是供应商ID或任何其他唯一值。

products表只存储产品信息，它除了存储供应商ID（vendors表的主键）外不存储其他供应商信息。vendors表的主键又叫作products的外键，它将vendors表与products表关联，利用供应商ID能从vendors表中找出相应供应商的详细信息。

 外键（foreign key） 外键为某个表中的一列，它包含另一个表的主键值，定义了两个表之间的关系。

这样做的好处如下：

❑ 供应商信息不重复，从而不浪费时间和空间；

❑ 如果供应商信息变动，可以只更新vendors表中的单个记录，相关表中的数据不用改动；

❑ 由于数据无重复，显然数据是一致的，这使得处理数据更简单。

总之，关系数据可以有效地存储和方便地处理。因此，关系数据库的可伸缩性远比非关系数据库要好。

 可伸缩性（scale） 能够适应不断增加的工作量而不失败。设计良好的数据库或应用程序称之为可伸缩性好（scale well）。

15.1.2 为什么要使用联结

正如所述，分解数据为多个表能更有效地存储，更方便地处理，并且具有更大的可伸缩性。但这些好处是有代价的。

如果数据存储在多个表中，怎样用单条SELECT语句检索出数据？

答案是使用联结。简单地说，联结是一种机制，用来在一条SELECT语句中关联表，因此称之为联结。使用特殊的语法，可以联结多个表返回一组输出，联结在运行时关联表中正确的行。

维护引用完整性　重要的是，要理解联结不是物理实体。换句话说，它在实际的数据库表中不存在。联结由MySQL根据需要建立，它存在于查询的执行当中。

在使用关系表时，仅在关系列中插入合法的数据非常重要。回到这里的例子，如果在products表中插入拥有非法供应商ID（即没有在vendors表中出现）的供应商生产的产品，则这些产品是不可访问的，因为它们没有关联到某个供应商。

为防止这种情况发生，可指示MySQL只允许在products表的供应商ID列中出现合法值（即出现在vendors表中的供应商）。这就是维护引用完整性，它是通过在表的定义中指定主键和外键来实现的。（这将在第21章介绍。）

133

15.2 创建联结

联结的创建非常简单，规定要联结的所有表以及它们如何关联即可。请看下面的例子：

```
SELECT vend_name, prod_name, prod_price
FROM vendors, products
WHERE vendors.vend_id = products.vend_id
ORDER BY vend_name, prod_name;
```

输出

```
+-------------+-------------+------------+
| vend_name   | prod_name   | prod_price |
+-------------+-------------+------------+
| ACME        | Bird seed   | 10.00      |
| ACME        | Carrots     | 2.50       |
```

```
|  ACME         |  Detonator      |  13.00      |
|  ACME         |  Safe           |  50.00      |
|  ACME         |  Sling          |  4.49       |
|  ACME         |  TNT (1 stick)  |  2.50       |
|  ACME         |  TNT (5 sticks) |  10.00      |
|  Anvils R Us  |  .5 ton anvil   |  5.99       |
|  Anvils R Us  |  1 ton anvil    |  9.99       |
|  Anvils R Us  |  2 ton anvil    |  14.99      |
|  Jet Set      |  JetPack 1000   |  35.00      |
|  Jet Set      |  JetPack 2000   |  55.00      |
|  LT Supplies  |  Fuses          |  3.42       |
|  LT Supplies  |  Oil can        |  8.99       |
+---------------+-----------------+-------------+
```

分析 我们来考察一下此代码。SELECT语句与前面所有语句一样指定
要检索的列。这里，最大的差别是所指定的两个列（prod_name
和prod_price）在一个表中，而另一个列（vend_name）在另一个表中。

现在来看FROM子句。与以前的SELECT语句不一样，这条语句的FROM
子句列出了两个表，分别是vendors和products。它们就是这条SELECT
语句联结的两个表的名字。这两个表用WHERE子句正确联结，WHERE子句
指示MySQL匹配vendors表中的vend_id和products表中的vend_id。

可以看到要匹配的两个列以 vendors.vend_id 和 products.
vend_id指定。这里需要这种完全限定列名，因为如果只给出vend_id，
则MySQL不知道指的是哪一个（它们有两个，每个表中一个）。

 完全限定列名 在引用的列可能出现二义性时，必须使用完
全限定列名（用一个点分隔的表名和列名）。如果引用一个
没有用表名限制的具有二义性的列名，MySQL将返回错误。

15.2.1 WHERE子句的重要性

利用WHERE子句建立联结关系似乎有点奇怪，但实际上，有一个很充
分的理由。请记住，在一条SELECT语句中联结几个表时，相应的关系是
在运行中构造的。在数据库表的定义中不存在能指示MySQL如何对表进
行联结的东西。你必须自己做这件事情。在联结两个表时，你实际上做
的是将第一个表中的每一行与第二个表中的每一行配对。WHERE子句作为
过滤条件，它只包含那些匹配给定条件（这里是联结条件）的行。没有

WHERE子句，第一个表中的每个行将与第二个表中的每个行配对，而不管它们逻辑上是否可以配在一起。

 笛卡儿积（cartesian product） 由没有联结条件的表关系返回的结果为笛卡儿积。检索出的行的数目将是第一个表中的行数乘以第二个表中的行数。

为理解这一点，请看下面的SELECT语句及其输出：

输入
```
SELECT vend_name, prod_name, prod_price
FROM vendors, products
ORDER BY vend_name, prod_name;
```

输出
```
+----------------+----------------+------------+
| vend_name      | prod_name      | prod_price |
+----------------+----------------+------------+
| ACME           | .5 ton anvil   | 5.99       |
| ACME           | 1 ton anvil    | 9.99       |
| ACME           | 2 ton anvil    | 14.99      |
| ACME           | Bird seed      | 10.00      |
| ACME           | Carrots        | 2.50       |
| ACME           | Detonator      | 13.00      |
| ACME           | Fuses          | 3.42       |
| ACME           | JetPack 1000   | 35.00      |
| ACME           | JetPack 2000   | 55.00      |
| ACME           | Oil can        | 8.99       |
| ACME           | Safe           | 50.00      |
| ACME           | Sling          | 4.49       |
| ACME           | TNT (1 stick)  | 2.50       |
| ACME           | TNT (5 sticks) | 10.00      |
| Anvils R Us    | .5 ton anvil   | 5.99       |
| Anvils R Us    | 1 ton anvil    | 9.99       |
| Anvils R Us    | 2 ton anvil    | 14.99      |
| Anvils R Us    | Bird seed      | 10.00      |
| Anvils R Us    | Carrots        | 2.50       |
| Anvils R Us    | Detonator      | 13.00      |
| Anvils R Us    | Fuses          | 3.42       |
| Anvils R Us    | JetPack 1000   | 35.00      |
| Anvils R Us    | JetPack 2000   | 55.00      |
| Anvils R Us    | Oil can        | 8.99       |
| Anvils R Us    | Safe           | 50.00      |
| Anvils R Us    | Sling          | 4.49       |
| Anvils R Us    | TNT (1 stick)  | 2.50       |
| Anvils R Us    | TNT (5 sticks) | 10.00      |
| Furball Inc.   | .5 ton anvil   | 5.99       |
| Furball Inc.   | 1 ton anvil    | 9.99       |
```

136

```
| Furball Inc.    | 2 ton anvil     | 14.99 |
| Furball Inc.    | Bird seed       | 10.00 |
| Furball Inc.    | Carrots         | 2.50  |
| Furball Inc.    | Detonator       | 13.00 |
| Furball Inc.    | Fuses           | 3.42  |
| Furball Inc.    | JetPack 1000    | 35.00 |
| Furball Inc.    | JetPack 2000    | 55.00 |
| Furball Inc.    | Oil can         | 8.99  |
| Furball Inc.    | Safe            | 50.00 |
| Furball Inc.    | Sling           | 4.49  |
| Furball Inc.    | TNT (1 stick)   | 2.50  |
| Furball Inc.    | TNT (5 sticks)  | 10.00 |
| Jet Set         | .5 ton anvil    | 5.99  |
| Jet Set         | 1 ton anvil     | 9.99  |
| Jet Set         | 2 ton anvil     | 14.99 |
| Jet Set         | Bird seed       | 10.00 |
| Jet Set         | Carrots         | 2.50  |
| Jet Set         | Detonator       | 13.00 |
| Jet Set         | Fuses           | 3.42  |
| Jet Set         | JetPack 1000    | 35.00 |
| Jet Set         | JetPack 2000    | 55.00 |
| Jet Set         | Oil can         | 8.99  |
| Jet Set         | Safe            | 50.00 |
| Jet Set         | Sling           | 4.49  |
| Jet Set         | TNT (1 stick)   | 2.50  |
| Jet Set         | TNT (5 sticks)  | 10.00 |
| Jouets Et Ours  | .5 ton anvil    | 5.99  |
| Jouets Et Ours  | 1 ton anvil     | 9.99  |
| Jouets Et Ours  | 2 ton anvil     | 14.99 |
| Jouets Et Ours  | Bird seed       | 10.00 |
| Jouets Et Ours  | Carrots         | 2.50  |
| Jouets Et Ours  | Detonator       | 13.00 |
| Jouets Et Ours  | Fuses           | 3.42  |
| Jouets Et Ours  | JetPack 1000    | 35.00 |
| Jouets Et Ours  | JetPack 2000    | 55.00 |
| Jouets Et Ours  | Oil can         | 8.99  |
| Jouets Et Ours  | Safe            | 50.00 |
| Jouets Et Ours  | Sling           | 4.49  |
| Jouets Et Ours  | TNT (1 stick)   | 2.50  |
| Jouets Et Ours  | TNT (5 sticks)  | 10.00 |
| LT Supplies     | .5 ton anvil    | 5.99  |
| LT Supplies     | 1 ton anvil     | 9.99  |
| LT Supplies     | 2 ton anvil     | 14.99 |
| LT Supplies     | Bird seed       | 10.00 |
| LT Supplies     | Carrots         | 2.50  |
| LT Supplies     | Detonator       | 13.00 |
| LT Supplies     | Fuses           | 3.42  |
```

137

```
| LT Supplies    | JetPack 1000   | 35.00     |
| LT Supplies    | JetPack 2000   | 55.00     |
| LT Supplies    | Oil can        | 8.99      |
| LT Supplies    | Safe           | 50.00     |
| LT Supplies    | Sling          | 4.49      |
| LT Supplies    | TNT (1 stick)  | 2.50      |
| LT Supplies    | TNT (5 sticks) | 10.00     |
+----------------+----------------+-----------+
```

 分析 从上面的输出中可以看到，相应的笛卡儿积不是我们所想要的。这里返回的数据用每个供应商匹配了每个产品，它包括了供应商不正确的产品。实际上有的供应商根本就没有产品。

 不要忘了WHERE子句 应该保证所有联结都有WHERE子句，否则MySQL将返回比想要的数据多得多的数据。同理，应该保证WHERE子句的正确性。不正确的过滤条件将导致MySQL返回不正确的数据。

叉联结 有时我们会听到返回称为叉联结（cross join）的笛卡儿积的联结类型。

138

15.2.2 内部联结

目前为止所用的联结称为等值联结（equijoin），它基于两个表之间的相等测试。这种联结也称为内部联结。其实，对于这种联结可以使用稍微不同的语法来明确指定联结的类型。下面的SELECT语句返回与前面例子完全相同的数据：

 输入
```
SELECT vend_name, prod_name, prod_price
FROM vendors INNER JOIN products
 ON vendors.vend_id = products.vend_id;
```

分析 此语句中的SELECT与前面的SELECT语句相同，但FROM子句不同。这里，两个表之间的关系是FROM子句的组成部分，以INNER JOIN指定。在使用这种语法时，联结条件用特定的ON子句而不是WHERE子句给出。传递给ON的实际条件与传递给WHERE的相同。

使用哪种语法 ANSI SQL规范首选INNER JOIN语法。此外，尽管使用WHERE子句定义联结的确比较简单，但是使用明确的联结语法能够确保不会忘记联结条件，有时候这样做也能影响性能。

15.2.3 联结多个表

SQL对一条SELECT语句中可以联结的表的数目没有限制。创建联结的基本规则也相同。首先列出所有表，然后定义表之间的关系。例如：

139

输入
```
SELECT prod_name, vend_name, prod_price, quantity
FROM orderitems, products, vendors
WHERE products.vend_id = vendors.vend_id
  AND orderitems.prod_id = products.prod_id
  AND order_num = 20005;
```

输出
```
+----------------+-------------+------------+----------+
| prod_name      | vend_name   | prod_price | quantity |
+----------------+-------------+------------+----------+
| .5 ton anvil   | Anvils R Us |       5.99 |       10 |
| 1 ton anvil    | Anvils R Us |       9.99 |        3 |
| TNT (5 sticks) | ACME        |      10.00 |        5 |
| Bird seed      | ACME        |      10.00 |        1 |
+----------------+-------------+------------+----------+
```

分析 此例子显示编号为20005的订单中的物品。订单物品存储在orderitems表中。每个产品按其产品ID存储，它引用products表中的产品。这些产品通过供应商ID联结到vendors表中相应的供应商，供应商ID存储在每个产品的记录中。这里的FROM子句列出了3个表，而WHERE子句定义了这两个联结条件，而第三个联结条件用来过滤出订单20005中的物品。

性能考虑 MySQL在运行时关联指定的每个表以处理联结。这种处理可能是非常耗费资源的，因此应该仔细，不要联结不必要的表。联结的表越多，性能下降越厉害。

现在可以回顾一下第14章中的例子了。该例子如下所示，其SELECT语句返回订购产品TNT2的客户列表：

140

输入

```
SELECT cust_name, cust_contact
FROM customers
WHERE cust_id IN (SELECT cust_id
                  FROM orders
                  WHERE order_num IN (SELECT order_num
                                      FROM orderitems
                                      WHERE prod_id = 'TNT2'));
```

正如第14章所述，子查询并不总是执行复杂SELECT操作的最有效的方法，下面是使用联结的相同查询：

 输入

```
SELECT cust_name, cust_contact
FROM customers, orders, orderitems
WHERE customers.cust_id = orders.cust_id
  AND orderitems.order_num = orders.order_num
  AND prod_id = 'TNT2';
```

输出

```
+---------------+---------------+
| cust_name     | cust_contact  |
+---------------+---------------+
| Coyote Inc.   | Y Lee         |
| Yosemite Place| Y Sam         |
+---------------+---------------+
```

分析　正如第14章所述，这个查询中返回数据需要使用3个表。但这里我们没有在嵌套子查询中使用它们，而是使用了两个联结。这里有3个WHERE子句条件。前两个关联联结中的表，后一个过滤产品TNT2的数据。

141

 多做实验　正如所见，为执行任一给定的SQL操作，一般存在不止一种方法。很少有绝对正确或绝对错误的方法。性能可能会受操作类型、表中数据量、是否存在索引或键以及其他一些条件的影响。因此，有必要对不同的选择机制进行实验，以找出最适合具体情况的方法。

15.3　小结

联结是SQL中最重要最强大的特性，有效地使用联结需要对关系数据库设计有基本的了解。本章随着对联结的介绍讲述了关系数据库设计的一些基本知识，包括等值联结（也称为内部联结）这种最经常使用的联结形式。下一章将介绍如何创建其他类型的联结。

142

第 16 章

创建高级联结

本章将讲解另外一些联结类型（包括它们的含义和使用方法），介绍如何对被联结的表使用表别名和聚集函数。

16.1 使用表别名

第10章中介绍了如何使用别名引用被检索的表列。给列起别名的语法如下：

```
SELECT Concat(RTrim(vend_name), ' (', RTrim(vend_country), ')') AS
vend_title
FROM vendors
ORDER BY vend_name;
```

别名除了用于列名和计算字段外，SQL还允许给表名起别名。这样做有两个主要理由：

❑ 缩短SQL语句；
❑ 允许在单条SELECT语句中多次使用相同的表。

请看下面的SELECT语句。它与前一章的例子中所用的语句基本相同，但改成了使用别名：

```
SELECT cust_name, cust_contact
FROM customers AS c, orders AS o, orderitems AS oi
WHERE c.cust_id = o.cust_id
  AND oi.order_num = o.order_num
  AND prod_id = 'TNT2';
```

分析　可以看到，FROM子句中3个表全都具有别名。customers AS c
建立c作为customers的别名，等等。这使得能使用省写的c而不是全名customers。在此例子中，表别名只用于WHERE子句。但是，表别名不仅能用于WHERE子句，它还可以用于SELECT的列表、ORDER BY子句以及语句的其他部分。

应该注意，表别名只在查询执行中使用。与列别名不一样，表别名不返回到客户机。

16.2 使用不同类型的联结

迄今为止，我们使用的只是称为内部联结或等值联结（equijoin）的简单联结。现在来看3种其他联结，它们分别是自联结、自然联结和外部联结。

16.2.1 自联结

如前所述，使用表别名的主要原因之一是能在单条SELECT语句中不止一次引用相同的表。下面举一个例子。

假如你发现某物品（其ID为DTNTR）存在问题，因此想知道生产该物品的供应商生产的其他物品是否也存在这些问题。此查询要求首先找到生产ID为DTNTR的物品的供应商，然后找出这个供应商生产的其他物品。下面是解决此问题的一种方法：

输入
```
SELECT prod_id, prod_name
FROM products
WHERE vend_id = (SELECT vend_id
                 FROM products
                 WHERE prod_id = 'DTNTR');
```

144

输出
```
+---------+----------------+
| prod_id | prod_name      |
+---------+----------------+
| DTNTR   | Detonator      |
| FB      | Bird seed      |
| FC      | Carrots        |
| SAFE    | Safe           |
| SLING   | Sling          |
| TNT1    | TNT (1 stick)  |
| TNT2    | TNT (5 sticks) |
+---------+----------------+
```

分析 这是第一种解决方案，它使用了子查询。内部的SELECT语句做了一个简单的检索，返回生产ID为DTNTR的物品供应商的

vend_id。该ID用于外部查询的WHERE子句中，以便检索出这个供应商生产的所有物品（第14章中讲授了子查询的所有内容。更多信息请参阅该章）。

现在来看使用联结的相同查询：

输入
```
SELECT p1.prod_id, p1.prod_name
FROM products AS p1, products AS p2
WHERE p1.vend_id = p2.vend_id
  AND p2.prod_id = 'DTNTR';
```

输出
```
+---------+----------------+
| prod_id | prod_name      |
+---------+----------------+
| DTNTR   | Detonator      |
| FB      | Bird seed      |
| FC      | Carrots        |
| SAFE    | Safe           |
| SLING   | Sling          |
| TNT1    | TNT (1 stick)  |
| TNT2    | TNT (5 sticks) |
+---------+----------------+
```

145

分析 此查询中需要的两个表实际上是相同的表，因此products表在FROM子句中出现了两次。虽然这是完全合法的，但对products的引用具有二义性，因为MySQL不知道你引用的是products表中的哪个实例。

为解决此问题，使用了表别名。products的第一次出现为别名p1，第二次出现为别名p2。现在可以将这些别名用作表名。例如，SELECT语句使用p1前缀明确地给出所需列的全名。如果不这样，MySQL将返回错误，因为分别存在两个名为prod_id、prod_name的列。MySQL不知道想要的是哪一个列（即使它们事实上是同一个列）。WHERE（通过匹配p1中的vend_id和p2中的vend_id）首先联结两个表，然后按第二个表中的prod_id过滤数据，返回所需的数据。

用自联结而不用子查询 自联结通常作为外部语句用来替代从相同表中检索数据时使用的子查询语句。虽然最终的结果是相同的，但有时候处理联结远比处理子查询快得多。应该试一下两种方法，以确定哪一种的性能更好。

16.2.2 自然联结

无论何时对表进行联结，应该至少有一个列出现在不止一个表中（被联结的列）。标准的联结（前一章中介绍的内部联结）返回所有数据，甚至相同的列多次出现。自然联结排除多次出现，使每个列只返回一次。 |146|

怎样完成这项工作呢？答案是，系统不完成这项工作，由你自己完成它。自然联结是这样一种联结，其中你只能选择那些唯一的列。这一般是通过对表使用通配符（SELECT *），对所有其他表的列使用明确的子集来完成的。下面举一个例子：

输入
```
SELECT c.*, o.order_num, o.order_date,
       oi.prod_id, oi.quantity, oi.item_price
FROM customers AS c, orders AS o, orderitems AS oi
WHERE c.cust_id = o.cust_id
  AND oi.order_num = o.order_num
  AND prod_id = 'FB';
```

分析 在这个例子中，通配符只对第一个表使用。所有其他列明确列出，所以没有重复的列被检索出来。

事实上，迄今为止我们建立的每个内部联结都是自然联结，很可能我们永远都不会用到不是自然联结的内部联结。

16.2.3 外部联结

许多联结将一个表中的行与另一个表中的行相关联。但有时候会需要包含没有关联行的那些行。例如，可能需要使用联结来完成以下工作：

- ❏ 对每个客户下了多少订单进行计数，包括那些至今尚未下订单的客户；
- ❏ 列出所有产品以及订购数量，包括没有人订购的产品；
- ❏ 计算平均销售规模，包括那些至今尚未下订单的客户。

在上述例子中，联结包含了那些在相关表中没有关联行的行。这种类型的联结称为外部联结。 |147|

下面的SELECT语句给出一个简单的内部联结。它检索所有客户及其订单：

```
SELECT customers.cust_id, orders.order_num
FROM customers INNER JOIN orders
 ON customers.cust_id = orders.cust_id;
```

外部联结语法类似。为了检索所有客户，包括那些没有订单的客户，可如下进行：

```
SELECT customers.cust_id, orders.order_num
FROM customers LEFT OUTER JOIN orders
 ON customers.cust_id = orders.cust_id;
```

```
+---------+-----------+
| cust_id | order_num |
+---------+-----------+
|   10001 |     20005 |
|   10001 |     20009 |
|   10002 |      NULL |
|   10003 |     20006 |
|   10004 |     20007 |
|   10005 |     20008 |
+---------+-----------+
```

类似于上一章中所看到的内部联结，这条SELECT语句使用了关键字OUTER JOIN来指定联结的类型（而不是在WHERE子句中指定）。但是，与内部联结关联两个表中的行不同的是，外部联结还包括没有关联行的行。在使用OUTER JOIN语法时，必须使用RIGHT或LEFT关键字指定包括其所有行的表（RIGHT指出的是OUTER JOIN右边的表，而LEFT指出的是OUTER JOIN左边的表）。上面的例子使用LEFT OUTER JOIN从FROM子句的左边表（customers表）中选择所有行。为了从右边的表中选择所有行，应该使用RIGHT OUTER JOIN，如下例所示：

148

```
SELECT customers.cust_id, orders.order_num
FROM customers RIGHT OUTER JOIN orders
 ON orders.cust_id = customers.cust_id;
```

> ✎ **没有*=操作符** MySQL不支持简化字符*=和=*的使用，这两种操作符在其他DBMS中是很流行的。

> 💡 **外部联结的类型** 存在两种基本的外部联结形式：左外部联结和右外部联结。它们之间的唯一差别是所关联的表的顺序不同。换句话说，左外部联结可通过颠倒FROM或WHERE子句中

> 表的顺序转换为右外部联结。因此，两种类型的外部联结可互换使用，而究竟使用哪一种纯粹是根据方便而定。

16.3　使用带聚集函数的联结

正如第12章所述，聚集函数用来汇总数据。虽然至今为止聚集函数的所有例子只是从单个表汇总数据，但这些函数也可以与联结一起使用。

为说明这一点，请看一个例子。如果要检索所有客户及每个客户所下的订单数，下面使用了COUNT()函数的代码可完成此工作：

输入
```
SELECT customers.cust_name,
       customers.cust_id,
       COUNT(orders.order_num) AS num_ord
FROM customers INNER JOIN orders
 ON customers.cust_id = orders.cust_id
GROUP BY customers.cust_id;
```

输出
```
+----------------+---------+---------+
| cust_name      | cust_id | num_ord |
+----------------+---------+---------+
| Coyote Inc.    | 10001   |       2 |
| Wascals        | 10003   |       1 |
| Yosemite Place | 10004   |       1 |
| E Fudd         | 10005   |       1 |
+----------------+---------+---------+
```

分析　此SELECT语句使用INNER JOIN将customers和orders表互相关联。GROUP BY子句按客户分组数据，因此，函数调用COUNT(orders.order_num)对每个客户的订单计数，将它作为num_ord返回。

聚集函数也可以方便地与其他联结一起使用。请看下面的例子：

输入
```
SELECT customers.cust_name,
       customers.cust_id,
       COUNT(orders.order_num) AS num_ord
FROM customers LEFT OUTER JOIN orders
 ON customers.cust_id = orders.cust_id
GROUP BY customers.cust_id;
```

输出
```
+----------------+---------+---------+
| cust_name      | cust_id | num_ord |
+----------------+---------+---------+
| Coyote Inc.    | 10001   |       2 |
| Mouse House    | 10002   |       0 |
```

149

150

```
|  Wascals          |   10003 |        1 |
|  Yosemite Place   |   10004 |        1 |
|  E Fudd           |   10005 |        1 |
+-------------------+---------+----------+
```

分析 这个例子使用左外部联结来包含所有客户，甚至包含那些没有任何下订单的客户。结果显示也包含了客户Mouse House，它有0个订单。

16.4　使用联结和联结条件

在总结关于联结的这两章前，有必要汇总一下关于联结及其使用的某些要点。

- ❏ 注意所使用的联结类型。一般我们使用内部联结，但使用外部联结也是有效的。
- ❏ 保证使用正确的联结条件，否则将返回不正确的数据。
- ❏ 应该总是提供联结条件，否则会得出笛卡儿积。
- ❏ 在一个联结中可以包含多个表，甚至对于每个联结可以采用不同的联结类型。虽然这样做是合法的，一般也很有用，但应该在一起测试它们前，分别测试每个联结。这将使故障排除更为简单。

16.5　小结

本章是上一章关于联结的继续。本章从讲授如何以及为什么要使用别名开始，然后讨论不同的联结类型及对每种类型的联结使用的各种语法形式。我们还介绍了如何与联结一起使用聚集函数，以及在使用联结时应该注意的某些问题。

151

第 17 章

组 合 查 询

本章讲述如何利用UNION操作符将多条SELECT语句组合成一个结果集。

17.1 组合查询

多数SQL查询都只包含从一个或多个表中返回数据的单条SELECT语句。MySQL也允许执行多个查询（多条SELECT语句），并将结果作为单个查询结果集返回。这些组合查询通常称为并（union）或复合查询（compound query）。

有两种基本情况，其中需要使用组合查询：

- ☐ 在单个查询中从不同的表返回类似结构的数据；
- ☐ 对单个表执行多个查询，按单个查询返回数据。

 组合查询和多个WHERE条件 多数情况下，组合相同表的两个查询完成的工作与具有多个WHERE子句条件的单条查询完成的工作相同。换句话说，任何具有多个WHERE子句的SELECT语句都可以作为一个组合查询给出，在以下段落中可以看到这一点。这两种技术在不同的查询中性能也不同。因此，应该试一下这两种技术，以确定对特定的查询哪一种性能更好。

17.2 创建组合查询

可用UNION操作符来组合数条SQL查询。利用UNION，可给出多条

SELECT语句，将它们的结果组合成单个结果集。

17.2.1 使用UNION

UNION的使用很简单。所需做的只是给出每条SELECT语句，在各条语句之间放上关键字UNION。

举一个例子，假如需要价格小于等于5的所有物品的一个列表，而且还想包括供应商1001和1002生产的所有物品（不考虑价格）。当然，可以利用WHERE子句来完成此工作，不过这次我们将使用UNION。

正如所述，创建UNION涉及编写多条SELECT语句。首先来看单条语句：

输入
```
SELECT vend_id, prod_id, prod_price
FROM products
WHERE prod_price <= 5;
```

输出

vend_id	prod_id	prod_price
1003	FC	2.50
1002	FU1	3.42
1003	SLING	4.49
1003	TNT1	2.50

输入
```
SELECT vend_id, prod_id, prod_price
FROM products
WHERE vend_id IN (1001,1002);
```

输出

vend_id	prod_id	prod_price
1001	ANV01	5.99
1001	ANV02	9.99
1001	ANV03	14.99
1002	FU1	3.42
1002	OL1	8.99

分析 第一条SELECT检索价格不高于5的所有物品。第二条SELECT使用IN找出供应商1001和1002生产的所有物品。

为了组合这两条语句，按如下进行：

输入

```
SELECT vend_id, prod_id, prod_price
FROM products
WHERE prod_price <= 5
UNION
SELECT vend_id, prod_id, prod_price
FROM products
WHERE vend_id IN (1001,1002);
```

输出

```
+---------+---------+------------+
| vend_id | prod_id | prod_price |
+---------+---------+------------+
|    1003 | FC      |       2.50 |
|    1002 | FU1     |       3.42 |
|    1003 | SLING   |       4.49 |
|    1003 | TNT1    |       2.50 |
|    1001 | ANV01   |       5.99 |
|    1001 | ANV02   |       9.99 |
|    1001 | ANV03   |      14.99 |
|    1002 | OL1     |       8.99 |
+---------+---------+------------+
```

155

分析 这条语句由前面的两条SELECT语句组成，语句中用UNION关键字分隔。UNION指示MySQL执行两条SELECT语句，并把输出组合成单个查询结果集。

作为参考，这里给出使用多条WHERE子句而不是使用UNION的相同查询：

输入

```
SELECT vend_id, prod_id, prod_price
FROM products
WHERE prod_price <= 5
  OR vend_id IN (1001,1002);
```

在这个简单的例子中，使用UNION可能比使用WHERE子句更为复杂。但对于更复杂的过滤条件，或者从多个表（而不是单个表）中检索数据的情形，使用UNION可能会使处理更简单。

17.2.2 UNION规则

正如所见，并是非常容易使用的。但在进行并时有几条规则需要注意。

☐ UNION必须由两条或两条以上的SELECT语句组成，语句之间用关键字UNION分隔（因此，如果组合4条SELECT语句，将要使用3个UNION关键字）。

☐ UNION中的每个查询必须包含相同的列、表达式或聚集函数（不过各个列不需要以相同的次序列出）。

❑ 列数据类型必须兼容：类型不必完全相同，但必须是DBMS可以
隐含地转换的类型（例如，不同的数值类型或不同的日期类型）。

如果遵守了这些基本规则或限制，则可以将并用于任何数据检索任务。

17.2.3 包含或取消重复的行

请返回到17.2.1节，考察一下所用的样例SELECT语句。我们注意到，
在分别执行时，第一条SELECT语句返回4行，第二条SELECT语句返回5行。
但在用UNION组合两条SELECT语句后，只返回了8行而不是9行。

UNION从查询结果集中自动去除了重复的行（换句话说，它的行为与
单条SELECT语句中使用多个WHERE子句条件一样）。因为供应商1002生产
的一种物品的价格也低于5，所以两条SELECT语句都返回该行。在使用
UNION时，重复的行被自动取消。

这是UNION的默认行为，但是如果需要，可以改变它。事实上，如果
想返回所有匹配行，可使用UNION ALL而不是UNION。

请看下面的例子：

输入

```
SELECT vend_id, prod_id, prod_price
FROM products
WHERE prod_price <= 5
UNION ALL
SELECT vend_id, prod_id, prod_price
FROM products
WHERE vend_id IN (1001,1002);
```

输出

```
+---------+---------+------------+
| vend_id | prod_id | prod_price |
+---------+---------+------------+
|    1003 | FC      |       2.50 |
|    1002 | FU1     |       3.42 |
|    1003 | SLING   |       4.49 |
|    1003 | TNT1    |       2.50 |
|    1001 | ANV01   |       5.99 |
|    1001 | ANV02   |       9.99 |
|    1001 | ANV03   |      14.99 |
|    1002 | FU1     |       3.42 |
|    1002 | OL1     |       8.99 |
+---------+---------+------------+
```

分析 使用UNION ALL，MySQL不取消重复的行。因此这里的例子返回9行，其中有一行出现两次。

 UNION与WHERE 本章开始时说过，UNION几乎总是完成与多个WHERE条件相同的工作。UNION ALL为UNION的一种形式，它完成WHERE子句完成不了的工作。如果确实需要每个条件的匹配行全部出现（包括重复行），则必须使用UNION ALL而不是WHERE。

17.2.4 对组合查询结果排序

SELECT语句的输出用ORDER BY子句排序。在用UNION组合查询时，只能使用一条ORDER BY子句，它必须出现在最后一条SELECT语句之后。对于结果集，不存在用一种方式排序一部分，而又用另一种方式排序另一部分的情况，因此不允许使用多条ORDER BY子句。

下面的例子排序前面UNION返回的结果：

输入
```
SELECT vend_id, prod_id, prod_price
FROM products
WHERE prod_price <= 5
UNION
SELECT vend_id, prod_id, prod_price
FROM products
WHERE vend_id IN (1001,1002)
ORDER BY vend_id, prod_price;
```

输出
```
+---------+---------+------------+
| vend_id | prod_id | prod_price |
+---------+---------+------------+
|    1001 | ANV01   |       5.99 |
|    1001 | ANV02   |       9.99 |
|    1001 | ANV03   |      14.99 |
|    1002 | FU1     |       3.42 |
|    1002 | OL1     |       8.99 |
|    1003 | TNT1    |       2.50 |
|    1003 | FC      |       2.50 |
|    1003 | SLING   |       4.49 |
+---------+---------+------------+
```

158

分析 这条UNION在最后一条SELECT语句后使用了ORDER BY子句。虽然ORDER BY子句似乎只是最后一条SELECT语句的组成部分，但实际上MySQL将用它来排序所有SELECT语句返回的所有结果。

组合不同的表 为使表述比较简单, 本章例子中的组合查询使用的均是相同的表。但是其中使用UNION的组合查询可以应用不同的表。

17.3   小结

本章讲授如何用UNION操作符来组合SELECT语句。利用UNION, 可把多条查询的结果作为一条组合查询返回, 不管它们的结果中包含还是不包含重复。使用UNION可极大地简化复杂的WHERE子句, 简化从多个表中检索数据的工作。

第18章

全文本搜索

本章将学习如何使用MySQL的全文本搜索功能进行高级的数据查询和选择。

18.1 理解全文本搜索

 并非所有引擎都支持全文本搜索 正如第21章所述，MySQL支持几种基本的数据库引擎。并非所有的引擎都支持本书所描述的全文本搜索。两个最常使用的引擎为MyISAM和InnoDB，前者支持全文本搜索，而后者不支持。这就是为什么虽然本书中创建的多数样例表使用 InnoDB，而有一个样例表（productnotes表）却使用MyISAM的原因。如果你的应用中需要全文本搜索功能，应该记住这一点。

第8章介绍了LIKE关键字，它利用通配操作符匹配文本（和部分文本）。使用LIKE，能够查找包含特殊值或部分值的行（不管这些值位于列内什么位置）。

在第9章中，用基于文本的搜索作为正则表达式匹配列值的更进一步的介绍。使用正则表达式，可以编写查找所需行的非常复杂的匹配模式。

虽然这些搜索机制非常有用，但存在几个重要的限制。

❏ 性能——通配符和正则表达式匹配通常要求MySQL尝试匹配表

中所有行（而且这些搜索极少使用表索引）。因此，由于被搜索行数不断增加，这些搜索可能非常耗时。

❑ 明确控制——使用通配符和正则表达式匹配，很难（而且并不总是能）明确地控制匹配什么和不匹配什么。例如，指定一个词必须匹配，一个词必须不匹配，而一个词仅在第一个词确实匹配的情况下才可以匹配或者才可以不匹配。

❑ 智能化的结果——虽然基于通配符和正则表达式的搜索提供了非常灵活的搜索，但它们都不能提供一种智能化的选择结果的方法。例如，一个特殊词的搜索将会返回包含该词的所有行，而不区分包含单个匹配的行和包含多个匹配的行（按照可能是更好的匹配来排列它们）。类似，一个特殊词的搜索将不会找出不包含该词但包含其他相关词的行。

所有这些限制以及更多的限制都可以用全文本搜索来解决。在使用全文本搜索时，MySQL不需要分别查看每个行，不需要分别分析和处理每个词。MySQL创建指定列中各词的一个索引，搜索可以针对这些词进行。这样，MySQL可以快速有效地决定哪些词匹配（哪些行包含它们），哪些词不匹配，它们匹配的频率，等等。

162

18.2　使用全文本搜索

为了进行全文本搜索，必须索引被搜索的列，而且要随着数据的改变不断地重新索引。在对表列进行适当设计后，MySQL会自动进行所有的索引和重新索引。

在索引之后，SELECT可与Match()和Against()一起使用以实际执行搜索。

18.2.1　启用全文本搜索支持

一般在创建表时启用全文本搜索。CREATE TABLE语句（第21章中介绍）接受FULLTEXT子句，它给出被索引列的一个逗号分隔的列表。

下面的CREATE语句演示了FULLTEXT子句的使用：

输入

```
CREATE TABLE productnotes
(
  note_id    int        NOT NULL AUTO_INCREMENT,
  prod_id    char(10)   NOT NULL,
  note_date  datetime   NOT NULL,
  note_text  text       NULL ,
  PRIMARY KEY(note_id),
  FULLTEXT(note_text)
) ENGINE=MyISAM;
```

分析 第21章将详细考察CREATE TABLE语句。现在，只需知道这条 CREATE TABLE语句定义表productnotes并列出它所包含的列 即可。这些列中有一个名为note_text的列，为了进行全文本搜索， MySQL根据子句FULLTEXT(note_text)的指示对它进行索引。这里的 FULLTEXT索引单个列，如果需要也可以指定多个列。

163

在定义之后，MySQL自动维护该索引。在增加、更新或删除行时， 索引随之自动更新。

可以在创建表时指定FULLTEXT，或者在稍后指定（在这种情况下所 有已有数据必须立即索引）。

不要在导入数据时使用FULLTEXT 更新索引要花时间，虽然 不是很多，但毕竟要花时间。如果正在导入数据到一个新表， 此时不应该启用FULLTEXT索引。应该首先导入所有数据，然 后再修改表，定义FULLTEXT。这样有助于更快地导入数据（而 且使索引数据的总时间小于在导入每行时分别进行索引所需 的总时间）。

18.2.2 进行全文本搜索

在索引之后，使用两个函数Match()和Against()执行全文本搜索， 其中Match()指定被搜索的列，Against()指定要使用的搜索表达式。

下面举一个例子：

```
SELECT note_text
FROM productnotes
WHERE Match(note_text) Against('rabbit');
```

输出
```
+---------------------------------------------------------------+
| note_text                                                     |
+---------------------------------------------------------------+
| Customer complaint: rabbit has been able to detect trap, food|
| apparently less effective now.                                |
| Quantity varies, sold by the sack load. All guaranteed to be  |
| bright and orange, and suitable for use as rabbit bait.       |
+---------------------------------------------------------------+
```

164

分析 此SELECT语句检索单个列note_text。由于WHERE子句，一个全文本搜索被执行。Match(note_text)指示MySQL针对指定的列进行搜索，Against('rabbit')指定词rabbit作为搜索文本。由于有两行包含词rabbit，这两个行被返回。

 使用完整的Match()说明 传递给Match()的值必须与FULLTEXT()定义中的相同。如果指定多个列，则必须列出它们（而且次序正确）。

 搜索不区分大小写 除非使用BINARY方式(本章中没有介绍)，否则全文本搜索不区分大小写。

事实是刚才的搜索可以简单地用LIKE子句完成，如下所示：

输入
```
SELECT note_text
FROM productnotes
WHERE note_text LIKE '%rabbit%';
```

输出
```
+---------------------------------------------------------------+
| note_text                                                     |
+---------------------------------------------------------------+
| Quantity varies, sold by the sack load. All guaranteed to be  |
| bright and orange, and suitable for use as rabbit bait.       |
| Customer complaint: rabbit has been able to detect trap, food|
| apparently less effective now.                                |
+---------------------------------------------------------------+
```

165

分析 这条SELECT语句同样检索出两行，但次序不同（虽然并不总是出现这种情况）。

上述两条SELECT语句都不包含ORDER BY子句。后者（使用LIKE）以不特别有用的顺序返回数据。前者（使用全文本搜索）返回以文本匹配的良好程度排序的数据。两个行都包含词rabbit，但包含词rabbit作为第3个词的行的等级比作为第20个词的行高。这很重要。全文本搜索的一个重要部分就是对结果排序。具有较高等级的行先返回（因为这些行很可能是你真正想要的行）。

为演示排序如何工作，请看以下例子：

```
SELECT note_text,
       Match(note_text) Against('rabbit') AS ranks
FROM productnotes;
```

输出

```
+----------------------------------------------+-----------------+
| note_text                                    | rank            |
+----------------------------------------------+-----------------+
| Customer complaint: Sticks not individually  |              0  |
| wrapped, too easy to mistakenly detonate all |                 |
| at once. Recommend individual wrapping.      |                 |
| Can shipped full, refills not available. Need|              0  |
| to order new can if refill needed.           |                 |
| Safe is combination locked, combination not  |              0  |
| provided with safe. This is rarely a problem |                 |
| as safes are typically blown up or dropped by|                 |
| customers.                                   |                 |
| Quantity varies, sold by the sack load. All  | 1.5905543170914 |
| guaranteed to be bright and orange, and      |                 |
| suitable for as rabbit bait.                 |                 |
| Included fuses are short and have been known to|            0  |
| detonate too quickly for some customers. Longer|               |
| fuses are available (item FU1) and should be |                 |
| recommended.                                 |                 |
| Matches not included, recommend purchase of  |              0  |
| matches or detonator (item DTNTR).           |                 |
| Please note that no returns will be accepted if|            0  |
| safe opened using explosives.                |                 |
| Multiple customer returns, anvils failing to |              0  |
| drop fast enough or falling backwards on     |                 |
| purchaser. Recommend that customer considers |                 |
| using heavier anvils.                        |                 |
| Item is extremely heavy. Designed for dropping,|            0  |
| not recommended for use with slings, ropes,  |                 |
| pulleys, or tightropes.                      |                 |
| Customer complaint: rabbit has been able to  | 1.6408053837485 |
| detect trap, food apparently less effective  |                 |
```

166

```
| -now.                                      |     |
| Shipped unassembled, requires common tools |   0 |
| (including oversized hammer).              |     |
| Customer complaint: Circular hole in safe floor |  0 |
| can apparently be easily cut with handsaw. |     |
| Customer complaint: Not heavy enough to    |   0 |
| generate flying stars around head of victim. |   |
| If being purchased for dropping, recommend |     |
| ANV02 or ANV03 instead.                    |     |
| Call from individual trapped in safe plummeting | 0 |
| to the ground, suggests an escape hatch be |     |
| added. Comment forwarded to vendor.        |     |
+--------------------------------------------+-----------------+
```

 分析 这里，在SELECT而不是WHERE子句中使用Match()和Against()。这使所有行都被返回（因为没有WHERE子句）。Match()和Against()用来建立一个计算列（别名为rank），此列包含全文本搜索计算出的等级值。等级由MySQL根据行中词的数目、唯一词的数目、整个索引中词的总数以及包含该词的行的数目计算出来。正如所见，不包含词rabbit的行等级为0（因此不被前一例子中的WHERE子句选择）。确实包含词rabbit的两个行每行都有一个等级值，文本中词靠前的行的等级值比词靠后的行的等级值高。

这个例子有助于说明全文本搜索如何排除行（排除那些等级为0的行），如何排序结果（按等级以降序排序）。

> ✎ **排序多个搜索项**　如果指定多个搜索项，则包含多数匹配词的那些行将具有比包含较少词（或仅有一个匹配）的那些行高的等级值。

正如所见，全文本搜索提供了简单LIKE搜索不能提供的功能。而且，由于数据是索引的，全文本搜索还相当快。

18.2.3　使用查询扩展

查询扩展用来设法放宽所返回的全文本搜索结果的范围。考虑下面的情况。你想找出所有提到anvils的注释。只有一个注释包含词anvils，但你还想找出可能与你的搜索有关的所有其他行，即使它们不包含词

anvils。

这也是查询扩展的一项任务。在使用查询扩展时，MySQL对数据和索引进行两遍扫描来完成搜索：

❑ 首先，进行一个基本的全文本搜索，找出与搜索条件匹配的所有行；

❑ 其次，MySQL检查这些匹配行并选择所有有用的词（我们将会简要地解释MySQL如何断定什么有用，什么无用）。

❑ 再其次，MySQL再次进行全文本搜索，这次不仅使用原来的条件，而且还使用所有有用的词。

利用查询扩展，能找出可能相关的结果，即使它们并不精确包含所查找的词。

168

> ✏️ **只用于MySQL版本4.1.1或更高级的版本** 查询扩展功能是在MySQL 4.1.1中引入的，因此不能用于之前的版本。

下面举一个例子，首先进行一个简单的全文本搜索，没有查询扩展：

```
SELECT note_text
FROM productnotes
WHERE Match(note_text) Against('anvils');
```

```
+----------------------------------------------------------------------+
| note_text                                                            |
+----------------------------------------------------------------------+
| Multiple customer returns, anvils failing to drop fast enough or     |
| falling backwards on purchaser. Recommend that customer considers    |
| using heavier anvils.                                                |
+----------------------------------------------------------------------+
```

分析 只有一行包含词anvils，因此只返回一行。

下面是相同的搜索，这次使用查询扩展：

输入
```
SELECT note_text
FROM productnotes
WHERE Match(note_text) Against('anvils' WITH QUERY EXPANSION);
```

输出

```
+----------------------------------------------------------------+
| note_text                                                      |
+----------------------------------------------------------------+
| Multiple customer returns, anvils failing to drop fast enough or |
| falling backwards on purchaser. Recommend that customer considers |
| using heavier anvils.                                          |
| Customer complaint: Sticks not individually wrapped, too easy to |
| mistakenly detonate all at once. Recommend individual wrapping. |
| Customer complaint: Not heavy enough to generate flying stars  |
| around headof victim. If being purchased for dropping, recommend |
| ANVO2 or ANVO3 instead.                                        |
| Please note that no returns will be accepted if safe opened using |
| explosives.                                                    |
| Customer complaint: rabbit has been able to detect trap, food  |
| apparently less effective now.                                 |
| Customer complaint: Circular hole in safe floor can apparently be |
| easily cut with handsaw.                                       |
| Matches not included, recommend purchase of matches or detonator |
| (item DTNTR).                                                  |
+----------------------------------------------------------------+
```

分析 这次返回了7行。第一行包含词anvils，因此等级最高。第二行与anvils无关，但因为它包含第一行中的两个词（customer和recommend），所以也被检索出来。第3行也包含这两个相同的词，但它们在文本中的位置更靠后且分开得更远，因此也包含这一行，但等级为第三。第三行确实也没有涉及anvils（按它们的产品名）。

正如所见，查询扩展极大地增加了返回的行数，但这样做也增加了你实际上并不想要的行的数目。

 行越多越好 表中的行越多（这些行中的文本就越多），使用查询扩展返回的结果越好。

18.2.4 布尔文本搜索

MySQL支持全文本搜索的另外一种形式，称为布尔方式（boolean mode）。以布尔方式，可以提供关于如下内容的细节：

❑ 要匹配的词;
❑ 要排斥的词（如果某行包含这个词，则不返回该行，即使它包含其他指定的词也是如此）;
❑ 排列提示（指定某些词比其他词更重要，更重要的词等级更高）;
❑ 表达式分组;
❑ 另外一些内容。

 即使没有FULLTEXT索引也可以使用 布尔方式不同于迄今为止使用的全文本搜索语法的地方在于，即使没有定义FULLTEXT索引，也可以使用它。但这是一种非常缓慢的操作（其性能将随着数据量的增加而降低）。

为演示**IN BOOLEAN MODE**的作用，举一个简单的例子:

```
SELECT note_text
FROM productnotes
WHERE Match(note_text) Against('heavy' IN BOOLEAN MODE);
```

输出

```
+----------------------------------------------------------------------+
| note_text                                                            |
+----------------------------------------------------------------------+
| Item is extremely heavy. Designed for dropping, not recommended      |
| for use with slings, ropes, pulleys, or tightropes.                  |
| Customer complaint: Not heavy enough to generate flying stars        |
| around head of victim. If being purchased for dropping, recommend    |
| ANV02 or ANV03 instead.                                              |
+----------------------------------------------------------------------+
```

171

分析 此全文本搜索检索包含词heavy的所有行（有两行）。其中使用了关键字**IN BOOLEAN MODE**，但实际上没有指定布尔操作符，因此，其结果与没有指定布尔方式的结果相同。

 IN BOOLEAN MODE的行为差异 虽然这个例子的结果与没有IN BOOLEAN MODE的相同，但其行为有一个重要的差别（即使在这个特殊的例子没有表现出来）。我们将在18.2.5节指出。

为了匹配包含heavy但不包含任意以rope开始的词的行，可使用以下查询：

```
SELECT note_text
FROM productnotes
WHERE Match(note_text) Against('heavy -rope*' IN BOOLEAN MODE);
```

输出

```
+-------------------------------------------------------------------+
| note_text                                                         |
+-------------------------------------------------------------------+
| Customer complaint: Not heavy enough to generate flying stars     |
| around head of victim. If being purchased for dropping, recommend |
| ANV02 or ANV03 instead.                                           |
+-------------------------------------------------------------------+
```

分析　　这次只返回一行。这一次仍然匹配词heavy，但-rope*明确地指示MySQL排除包含rope*（任何以rope开始的词，包括ropes）的行，这就是为什么上一个例子中的第一行被排除的原因。

> **在MySQL 4.x中所需的代码更改**　如果你使用的是MySQL 4.x，则上面的例子可能不返回任何行。这是*操作符处理中的一个错误。为在MySQL 4.x中使用这个例子，使用-ropes而不是-rope*（排除ropes而不是排除任何以rope开始的词）。

我们已经看到了两个全文本搜索布尔操作符-和*，-排除一个词，而*是截断操作符（可想象为用于词尾的一个通配符）。表18-1列出支持的所有布尔操作符。

表18-1　全文本布尔操作符

布尔操作符	说　明
+	包含，词必须存在
-	排除，词必须不出现
>	包含，而且增加等级值
<	包含，且减少等级值
()	把词组成子表达式（允许这些子表达式作为一个组被包含、排除、排列等）
~	取消一个词的排序值
*	词尾的通配符
""	定义一个短语（与单个词的列表不一样，它匹配整个短语以便包含或排除这个短语）

下面举几个例子，说明某些操作符如何使用：

输入

```
SELECT note_text
FROM productnotes
WHERE Match(note_text) Against('+rabbit +bait' IN BOOLEAN MODE);
```
173

分析　这个搜索匹配包含词rabbit和bait的行。

输入

```
SELECT note_text
FROM productnotes
WHERE Match(note_text) Against('rabbit bait' IN BOOLEAN MODE);
```

分析　没有指定操作符，这个搜索匹配包含rabbit和bait中的至少一个词的行。

输入

```
SELECT note_text
FROM productnotes
WHERE Match(note_text) Against('"rabbit bait"' IN BOOLEAN MODE);
```

分析　这个搜索匹配短语rabbit bait而不是匹配两个词rabbit和bait。

输入

```
SELECT note_text
FROM productnotes
WHERE Match(note_text) Against('>rabbit <carrot' IN BOOLEAN MODE);
```

分析　匹配rabbit和carrot，增加前者的等级，降低后者的等级。

输入

```
SELECT note_text
FROM productnotes
WHERE Match(note_text) Against('+safe +(<combination)' IN BOOLEAN
MODE);
```
174

分析　这个搜索匹配词safe和combination，降低后者的等级。

> ✎ **排列而不排序**　在布尔方式中，不按等级值降序排序返回的行。

18.2.5　全文本搜索的使用说明

在结束本章之前，给出关于全文本搜索的某些重要的说明。

❑ 在索引全文本数据时，短词被忽略且从索引中删除。短词定义为那些具有3个或3个以下字符的词（如果需要，这个数目可以更改）。

❑ MySQL带有一个内建的非用词（stopword）列表，这些词在索引全文本数据时总是被忽略。如果需要,可以覆盖这个列表(请参阅MySQL文档以了解如何完成此工作)。

❑ 许多词出现的频率很高,搜索它们没有用处(返回太多的结果)。因此,MySQL规定了一条50%规则,如果一个词出现在50%以上的行中,则将它作为一个非用词忽略。50%规则不用于IN BOOLEAN MODE。

❑ 如果表中的行数少于3行,则全文本搜索不返回结果(因为每个词或者不出现,或者至少出现在50%的行中)。

❑ 忽略词中的单引号。例如,don't索引为dont。

175

❑ 不具有词分隔符(包括日语和汉语)的语言不能恰当地返回全文本搜索结果。

❑ 如前所述,仅在MyISAM数据库引擎中支持全文本搜索。

 没有邻近操作符 邻近搜索是许多全文本搜索支持的一个特性,它能搜索相邻的词(在相同的句子中、相同的段落中或者在特定数目的词的部分中,等等)。MySQL全文本搜索现在还不支持邻近操作符,不过未来的版本有支持这种操作符的计划。

18.3   小结

本章介绍了为什么要使用全文本搜索,以及如何使用MySQL的Match()和Against()函数进行全文本搜索。我们还学习了查询扩展(它能增加找到相关匹配的机会)和如何使用布尔方式进行更细致的查找控制。

176

第 19 章

插 入 数 据

本章介绍如何利用SQL的INSERT语句将数据插入表中。

19.1　数据插入

毫无疑问，SELECT是最常使用的SQL语句了（这就是为什么前17章讲的都是它的原因）。但是，还有其他3个经常使用的SQL语句需要学习。第一个就是INSERT（下一章介绍另外两个）。

顾名思义，INSERT是用来插入（或添加）行到数据库表的。插入可以用几种方式使用：

❑ 插入完整的行；
❑ 插入行的一部分；
❑ 插入多行；
❑ 插入某些查询的结果。

下面将介绍这些内容。

 插入及系统安全　可针对每个表或每个用户，利用MySQL的安全机制禁止使用INSERT语句，这将在第28章介绍。

19.2　插入完整的行

把数据插入表中的最简单的方法是使用基本的INSERT语法，它要求指定表名和被插入到新行中的值。下面举一个例子：

输入

```
INSERT INTO customers
VALUES(NULL,
    'Pep E. LaPew',
    '100 Main Street',
    'Los Angeles',
    'CA',
    '90046',
    'USA',
    NULL,
    NULL);
```

 没有输出 INSERT语句一般不会产生输出。

分析 此例子插入一个新客户到customers表。存储到每个表列中的数据在VALUES子句中给出,对每个列必须提供一个值。如果某个列没有值(如上面的cust_contact和cust_email列),应该使用NULL值(假定表允许对该列指定空值)。各个列必须以它们在表定义中出现的次序填充。第一列cust_id也为NULL。这是因为每次插入一个新行时,该列由MySQL自动增量。你不想给出一个值(这是MySQL的工作),又不能省略此列(如前所述,必须给出每个列),所以指定一个NULL值(它被MySQL忽略,MySQL在这里插入下一个可用的cust_id值)。

虽然这种语法很简单,但并不安全,应该尽量避免使用。上面的SQL语句高度依赖于表中列的定义次序,并且还依赖于其次序容易获得的信息。即使可得到这种次序信息,也不能保证下一次表结构变动后各个列保持完全相同的次序。因此,编写依赖于特定列次序的SQL语句是很不安全的。如果这样做,有时难免会出问题。

编写INSERT语句的更安全(不过更烦琐)的方法如下:

输入

```
INSERT INTO customers(cust_name,
    cust_address,
    cust_city,
    cust_state,
    cust_zip,
    cust_country,
```

```
        cust_contact,
        cust_email)
VALUES('Pep E. LaPew',
       '100 Main Street',
       'Los Angeles',
       'CA',
       '90046',
       'USA',
       NULL,
       NULL);
```

分析 此例子完成与前一个INSERT语句完全相同的工作，但在表名后的括号里明确地给出了列名。在插入行时，MySQL将用VALUES列表中的相应值填入列表中的对应项。VALUES中的第一个值对应于第一个指定的列名。第二个值对应于第二个列名，如此等等。

因为提供了列名，VALUES必须以其指定的次序匹配指定的列名，不一定按各个列出现在实际表中的次序。其优点是，即使表的结构改变，此INSERT语句仍然能正确工作。你会发现cust_id的NULL值是不必要的，cust_id列并没有出现在列表中，所以不需要任何值。

下面的INSERT语句填充所有列（与前面的一样），但以一种不同的次序填充。因为给出了列名，所以插入结果仍然正确：

输入
```
INSERT INTO customers(cust_name,
    cust_contact,
    cust_email,
    cust_address,
    cust_city,
    cust_state,
    cust_zip,
    cust_country)
VALUES('Pep E. LaPew',
    NULL,
    NULL,
    '100 Main Street',
    'Los Angeles',
    'CA',
    '90046',
    'USA');
```

 总是使用列的列表 一般不要使用没有明确给出列的列表的INSERT语句。使用列的列表能使SQL代码继续发挥作用，即使表结构发生了变化。

179

仔细地给出值   不管使用哪种 INSERT 语法，都必须给出 VALUES 的正确数目。如果不提供列名，则必须给每个表列提供一个值。如果提供列名，则必须对每个列出的列给出一个值。如果不这样，将产生一条错误消息，相应的行插入不成功。

使用这种语法，还可以省略列。这表示可以只给某些列提供值，给其他列不提供值。（事实上你已经看到过这样的例子：当列名被明确列出时，cust_id 可以省略。）

 省略列   如果表的定义允许，则可以在 INSERT 操作中省略某些列。省略的列必须满足以下某个条件。

❑ 该列定义为允许 NULL 值（无值或空值）。

❑ 在表定义中给出默认值。这表示如果不给出值，将使用默认值。

如果对表中不允许 NULL 值且没有默认值的列不给出值，则 MySQL 将产生一条错误消息，并且相应的行插入不成功。

 提高整体性能   数据库经常被多个客户访问，对处理什么请求以及用什么次序处理进行管理是 MySQL 的任务。INSERT 操作可能很耗时（特别是有很多索引需要更新时），而且它可能降低等待处理的 SELECT 语句的性能。

如果数据检索是最重要的（通常是这样），则你可以通过在 INSERT 和 INTO 之间添加关键字 LOW_PRIORITY，指示 MySQL 降低 INSERT 语句的优先级，如下所示：

```
INSERT LOW_PRIORITY INTO
```

顺便说一下，这也适用于下一章介绍的 UPDATE 和 DELETE 语句。

19.3　插入多个行

INSERT 可以插入一行到一个表中。但如果你想插入多个行怎么办？

可以使用多条INSERT语句，甚至一次提交它们，每条语句用一个分号结束，如下所示：

 输入

```
INSERT INTO customers(cust_name,
    cust_address,
    cust_city,
    cust_state,
    cust_zip,
    cust_country)
VALUES('Pep E. LaPew',
    '100 Main Street',
    'Los Angeles',
    'CA',
    '90046',
    'USA');
INSERT INTO customers(cust_name,
    cust_address,
    cust_city,
    cust_state,
    cust_zip,
    cust_country)
VALUES('M. Martian',
    '42 Galaxy Way',
    'New York',
    'NY',
    '11213',
    'USA');
```

或者，只要每条INSERT语句中的列名（和次序）相同，可以如下组合各语句：

输入

```
INSERT INTO customers(cust_name,
    cust_address,
    cust_city,
    cust_state,
    cust_zip,
    cust_country)
VALUES(
        'Pep E. LaPew',
        '100 Main Street',
        'Los Angeles',
        'CA',
        '90046',
        'USA'
    ),
```

```
(
    'M. Martian',
    '42 Galaxy Way',
    'New York',
    'NY',
    '11213',
    'USA'
);
```

 分析 其中单条INSERT语句有多组值，每组值用一对圆括号括起来，用逗号分隔。

> 💡 **提高INSERT的性能** 此技术可以提高数据库处理的性能，因为MySQL用单条INSERT语句处理多个插入比使用多条INSERT语句快。

19.4 插入检索出的数据

INSERT一般用来给表插入一个指定列值的行。但是，INSERT还存在另一种形式，可以利用它将一条SELECT语句的结果插入表中。这就是所谓的INSERT SELECT，顾名思义，它是由一条INSERT语句和一条SELECT语句组成的。

假如你想从另一表中合并客户列表到你的customers表。不需要每次读取一行，然后再将它用INSERT插入，可以如下进行：

> ✏️ **新例子的说明** 这个例子把一个名为custnew的表中的数据导入customers表中。为了试验这个例子，应该首先创建和填充custnew表。custnew表的结构与附录B中描述的customers表的相同。在填充custnew时，不应该使用已经在customers中使用过的cust_id值（如果主键值重复，后续的INSERT操作将会失败）或仅省略这列值让MySQL在导入数据的过程中产生新值。

 输入
```
INSERT INTO customers(cust_id,
    cust_contact,
    cust_email,
    cust_name,
```

```
        cust_address,
        cust_city,
        cust_state,
        cust_zip,
        cust_country)
SELECT cust_id,
        cust_contact,
        cust_email,
        cust_name,
        cust_address,
        cust_city,
        cust_state,
        cust_zip,
        cust_country
FROM custnew;
```

分析 这个例子使用INSERT SELECT从custnew中将所有数据导入customers。SELECT语句从custnew检索出要插入的值，而不是列出它们。SELECT中列出的每个列对应于customers表名后所跟的列表中的每个列。这条语句将插入多少行有赖于custnew表中有多少行。如果这个表为空，则没有行被插入（也不产生错误，因为操作仍然是合法的）。如果这个表确实含有数据，则所有数据将被插入到customers。

这个例子导入了cust_id（假设你能够确保cust_id的值不重复）。你也可以简单地省略这列（从INSERT和SELECT中），这样MySQL就会生成新值。

184

> **INSERT SELECT中的列名** 为简单起见，这个例子在INSERT和SELECT语句中使用了相同的列名。但是，不一定要求列名匹配。事实上，MySQL甚至不关心SELECT返回的列名。它使用的是列的位置，因此SELECT中的第一列（不管其列名）将用来填充表列中指定的第一个列，第二列将用来填充列中指定的第二个列，如此等等。这对于从使用不同列名的表中导入数据是非常有用的。

INSERT SELECT中SELECT语句可包含WHERE子句以过滤插入的数据。

更多例子　如果想看INSERT用法的更多例子，请参阅附录B中给出的样例表填充脚本，这主要用于创建本书中使用的样例表。

19.5　小结

本章介绍如何将行插入到数据库表。我们学习了使用INSERT的几种方法，以及为什么要明确使用列名，学习了如何用INSERT SELECT从其他表中导入行。下一章讲述如何使用UPDATE和DELETE进一步操纵表数据。

第 20 章

更新和删除数据

本章介绍如何利用UPDATE和DELETE语句进一步操纵表数据。

20.1 更新数据

为了更新（修改）表中的数据，可使用UPDATE语句。可采用两种方式使用UPDATE：

❏ 更新表中特定行；
❏ 更新表中所有行。

下面分别对它们进行介绍。

 不要省略WHERE子句 在使用UPDATE时一定要注意细心。因为稍不注意，就会更新表中所有行。在使用这条语句前，请完整地阅读本节。

 UPDATE与安全 可以限制和控制UPDATE语句的使用，更多内容请参见第28章。

UPDATE语句非常容易使用，甚至可以说是太容易使用了。基本的UPDATE语句由3部分组成，分别是：

❏ 要更新的表；
❏ 列名和它们的新值；

187

❑ 确定要更新行的过滤条件。

举一个简单例子。客户**10005**现在有了电子邮件地址，因此他的记录需要更新，语句如下：

```
UPDATE customers
SET cust_email = 'elmer@fudd.com'
WHERE cust_id = 10005;
```

UPDATE语句总是以要更新的表的名字开始。在此例子中，要更新的表的名字为customers。SET命令用来将新值赋给被更新的列。如这里所示，SET子句设置cust_email列为指定的值：

```
SET cust_email = 'elmer@fudd.com'
```

UPDATE语句以WHERE子句结束，它告诉MySQL更新哪一行。没有WHERE子句，MySQL将会用这个电子邮件地址更新customers表中所有行，这不是我们所希望的。

更新多个列的语法稍有不同：

```
UPDATE customers
SET cust_name = 'The Fudds',
    cust_email = 'elmer@fudd.com'
WHERE cust_id = 10005;
```

在更新多个列时，只需要使用单个SET命令，每个"列=值"对之间用逗号分隔（最后一列之后不用逗号）。在此例子中，更新客户**10005**的cust_name和cust_email列。

在UPDATE语句中使用子查询 UPDATE语句中可以使用子查询，使得能用SELECT语句检索出的数据更新列数据。关于子查询及使用的更多内容，请参阅第14章。

188

IGNORE关键字 如果用UPDATE语句更新多行，并且在更新这些行中的一行或多行时出现一个错误，则整个UPDATE操作被取消（错误发生前更新的所有行被恢复到它们原来的值）。即使是发生错误，也继续进行更新，可使用IGNORE关键字，如下所示：
```
UPDATE IGNORE customers…
```

为了删除某个列的值，可设置它为NULL（假如表定义允许NULL值）。
如下进行：

```
UPDATE customers
SET cust_email = NULL
WHERE cust_id = 10005;
```

其中NULL用来去除cust_email列中的值。

20.2 删除数据

为了从一个表中删除（去掉）数据，使用DELETE语句。可以两种方式使用DELETE：

❑ 从表中删除特定的行；
❑ 从表中删除所有行。

下面分别对它们进行介绍。

不要省略WHERE子句　在使用DELETE时一定要注意细心。因为稍不注意，就会错误地删除表中所有行。在使用这条语句前，请完整地阅读本节。

DELETE与安全　可以限制和控制DELETE语句的使用，更多内容请参见第28章。

189

前面说过，UPDATE非常容易使用，而DELETE更容易使用。

下面的语句从customers表中删除一行：

```
DELETE FROM customers
WHERE cust_id = 10006;
```

这条语句很容易理解。DELETE FROM要求指定从中删除数据的表名。WHERE子句过滤要删除的行。在这个例子中，只删除客户10006。如果省略WHERE子句，它将删除表中每个客户。

DELETE不需要列名或通配符。DELETE删除整行而不是删除列。为了删除指定的列，请使用UPDATE语句。

删除表的内容而不是表 DELETE语句从表中删除行，甚至是删除表中所有行。但是，DELETE不删除表本身。

 更快的删除 如果想从表中删除所有行，不要使用DELETE。可使用TRUNCATE TABLE语句，它完成相同的工作，但速度更快（TRUNCATE实际是删除原来的表并重新创建一个表，而不是逐行删除表中的数据）。

20.3 更新和删除的指导原则

前一节中使用的UPDATE和DELETE语句全都具有WHERE子句，这样做的理由很充分。如果省略了WHERE子句，则UPDATE或DELETE将被应用到表中所有的行。换句话说，如果执行UPDATE而不带WHERE子句，则表中每个行都将用新值更新。类似地，如果执行DELETE语句而不带WHERE子句，表的所有数据都将被删除。

下面是许多SQL程序员使用UPDATE或DELETE时所遵循的习惯。

❑ 除非确实打算更新和删除每一行，否则绝对不要使用不带WHERE子句的UPDATE或DELETE语句。

❑ 保证每个表都有主键（如果忘记这个内容，请参阅第15章），尽可能像WHERE子句那样使用它（可以指定各主键、多个值或值的范围）。

❑ 在对UPDATE或DELETE语句使用WHERE子句前，应该先用SELECT进行测试，保证它过滤的是正确的记录，以防编写的WHERE子句不正确。

❑ 使用强制实施引用完整性的数据库（关于这个内容，请参阅第15章），这样MySQL将不允许删除具有与其他表相关联的数据的行。

 小心使用 MySQL没有撤销（undo）按钮。应该非常小心地使用UPDATE和DELETE，否则你会发现自己更新或删除了错误的数据。

20.4 小结

我们在本章中学习了如何使用UPDATE和DELETE语句处理表中的数据。我们学习了这些语句的语法，知道了它们固有的危险性。本章中还讲解了为什么WHERE子句对UPDATE和DELETE语句很重要，并且给出了应该遵循的一些指导原则，以保证数据的安全。

191

第 21 章

创建和操纵表

本章讲授表的创建、更改和删除的基本知识。

21.1 创建表

MySQL不仅用于表数据操纵，而且还可以用来执行数据库和表的所有操作，包括表本身的创建和处理。

一般有两种创建表的方法：

❏ 使用具有交互式创建和管理表的工具（如第2章讨论的工具）；

❏ 表也可以直接用MySQL语句操纵。

为了用程序创建表，可使用SQL的CREATE TABLE语句。值得注意的是，在使用交互式工具时，实际上使用的是MySQL语句。但是，这些语句不是用户编写的，界面工具会自动生成并执行相应的MySQL语句（更改现有表时也是这样）。

> ✏ **另外的例子** 关于表创建脚本的另外例子，请参阅本书中用来创建样例表的代码。

21.1.1 表创建基础

为利用CREATE TABLE创建表，必须给出下列信息：

❏ 新表的名字，在关键字CREATE TABLE之后给出；

❏ 表列的名字和定义，用逗号分隔。

CREATE TABLE语句也可能会包括其他关键字或选项，但至少要包括表的名字和列的细节。下面的MySQL语句创建本书中所用的customers表：

输入

```
CREATE TABLE customers
(
  cust_id      int       NOT NULL AUTO_INCREMENT,
  cust_name    char(50)  NOT NULL ,
  cust_address char(50)  NULL ,
  cust_city    char(50)  NULL ,
  cust_state   char(5)   NULL ,
  cust_zip     char(10)  NULL ,
  cust_country char(50)  NULL ,
  cust_contact char(50)  NULL ,
  cust_email   char(255) NULL ,
  PRIMARY KEY (cust_id)
) ENGINE=InnoDB;
```

分析 从上面的例子中可以看到，表名紧跟在CREATE TABLE关键字后面。实际的表定义（所有列）括在圆括号之中。各列之间用逗号分隔。这个表由9列组成。每列的定义以列名（它在表中必须是唯一的）开始，后跟列的数据类型（关于数据类型的解释，请参阅第1章。此外，附录D列出了MySQL支持的数据类型）。表的主键可以在创建表时用 PRIMARY KEY关键字指定。这里，列cust_id指定作为主键列。整条语句由右圆括号后的分号结束。（现在先忽略 ENGINE=InnoDB 和 AUTO_INCREMENT，后面会对它们进行介绍。）

194

> **语句格式化** 可回忆一下，以前说过MySQL语句中忽略空格。语句可以在一个长行上输入，也可以分成许多行。它们的作用都相同。这允许你以最适合自己的方式安排语句的格式。前面的CREATE TABLE语句就是语句格式化的一个很好的例子，它被安排在多个行上，其中的列定义进行了恰当的缩进，以便阅读和编辑。以何种缩进格式安排SQL语句没有规定，但我强烈推荐采用某种缩进格式。

> **处理现有的表** 在创建新表时，指定的表名必须不存在，否则将出错。如果要防止意外覆盖已有的表，SQL要求首先手工删除该表（请参阅后面的小节），然后再重建它，而不是简单地用创建表语句覆盖它。

如果你仅想在一个表不存在时创建它，应该在表名后给出IF NOT EXISTS。这样做不检查已有表的模式是否与你打算创建的表模式相匹配。它只是查看表名是否存在，并且仅在表名不存在时创建它。

21.1.2 使用NULL值

第6章中说过，NULL值就是没有值或缺值。允许NULL值的列也允许在插入行时不给出该列的值。不允许NULL值的列不接受该列没有值的行，换句话说，在插入或更新行时，该列必须有值。

每个表列或者是NULL列，或者是NOT NULL列，这种状态在创建时由表的定义规定。请看下面的例子：

输入
```
CREATE TABLE orders
(
  order_num  int       NOT NULL AUTO_INCREMENT,
  order_date datetime  NOT NULL ,
  cust_id    int       NOT NULL ,
  PRIMARY KEY (order_num)
) ENGINE=InnoDB;
```

分析 这条语句创建本书中所用的orders表。orders包含3个列，分别是订单号、订单日期和客户ID。所有3个列都需要值，因此每个列的定义都含有关键字NOT NULL。这将会阻止插入没有值的列。如果试图插入没有值的列，将返回错误，且插入失败。

下一个例子将创建混合了NULL和NOT NULL列的表：

输入
```
CREATE TABLE vendors
(
  vend_id      int       NOT NULL AUTO_INCREMENT,
  vend_name    char(50)  NOT NULL ,
  vend_address char(50)  NULL ,
  vend_city    char(50)  NULL ,
  vend_state   char(5)   NULL ,
  vend_zip     char(10)  NULL ,
  vend_country char(50)  NULL ,
  PRIMARY KEY (vend_id)
) ENGINE=InnoDB;
```

分析 这条语句创建本书中使用的vendors表。供应商ID和供应商名字列是必需的，因此指定为NOT NULL。其余5个列全都允许NULL值，所以不指定NOT NULL。NULL为默认设置，如果不指定NOT NULL，则认为指定的是NULL。

 理解NULL 不要把NULL值与空串相混淆。NULL值是没有值，它不是空串。如果指定''（两个单引号，其间没有字符），这在NOT NULL列中是允许的。空串是一个有效的值，它不是无值。NULL值用关键字NULL而不是空串指定。

21.1.3 主键再介绍

正如所述，主键值必须唯一。即，表中的每个行必须具有唯一的主键值。如果主键使用单个列，则它的值必须唯一。如果使用多个列，则这些列的组合值必须唯一。

迄今为止我们看到的CREATE TABLE例子都是用单个列作为主键。其中主键用以下的类似的语句定义：

```
PRIMARY KEY (vend_id)
```

为创建由多个列组成的主键，应该以逗号分隔的列表给出各列名，如下所示：

```
CREATE TABLE orderitems
(
  order_num   int            NOT NULL ,
  order_item  int            NOT NULL ,
  prod_id     char(10)       NOT NULL ,
  quantity    int            NOT NULL ,
  item_price  decimal(8,2)   NOT NULL ,
  PRIMARY KEY (order_num, order_item)
) ENGINE=InnoDB;
```

orderitems表包含orders表中每个订单的细节。每个订单有多项物品，但每个订单任何时候都只有1个第一项物品，1个第二项物品，如此等等。因此，订单号（order_num列）和订单物品（order_item列）的组合是唯一的，从而适合作为主键，其定义为：

```
PRIMARY KEY (order_num, order_item)
```

197

　　主键可以在创建表时定义（如这里所示），或者在创建表之后定义（本章稍后讨论）。

 主键和NULL值　第1章介绍过，主键为其值唯一标识表中每个行的列。主键中只能使用不允许NULL值的列。允许NULL值的列不能作为唯一标识。

21.1.4　使用AUTO_INCREMENT

　　让我们再次考察customers和orders表。customers表中的顾客由列cust_id唯一标识，每个顾客有一个唯一编号。类似，orders表中的每个订单有一个唯一的订单号，这个订单号存储在列order_num中。

　　这些编号除它们是唯一的以外没有别的特殊意义。在增加一个新顾客或新订单时，需要一个新的顾客ID或订单号。这些编号可以任意，只要它们是唯一的即可。

　　显然，使用的最简单的编号是下一个编号，所谓下一个编号是大于当前最大编号的编号。例如，如果cust_id的最大编号为10005，则插入表中的下一个顾客可以具有等于10006的cust_id。

　　简单吗？不见得。你怎样确定下一个要使用的值？当然，你可以使用SELECT语句得出最大的数（使用第12章介绍的Max()函数），然后对它加1。但这样做并不可靠（你需要找出一种办法来保证，在你执行SELECT和INSERT两条语句之间没有其他人插入行，对于多用户应用，这种情况是很有可能出现的），而且效率也不高（执行额外的MySQL操作肯定不是理想的办法）。

　　这就是AUTO_INCREMENT发挥作用的时候了。请看以下代码行（用来创建customers表的CREATE TABLE语句的组成部分）：

```
cust_id      int        NOT NULL AUTO_INCREMENT,
```

　　AUTO_INCREMENT告诉MySQL，本列每当增加一行时自动增量。每次执行一个INSERT操作时，MySQL自动对该列增量（从而才有这个关键字AUTO_INCREMENT），给该列赋予下一个可用的值。这样给每个行分配一个唯一的cust_id，从而可以用作主键值。

每个表只允许一个AUTO_INCREMENT列，而且它必须被索引（如，通过使它成为主键）。

 覆盖AUTO_INCREMENT　如果一个列被指定为AUTO_INCRE-MENT，则它需要使用特殊的值吗？你可以简单地在INSERT语句中指定一个值，只要它是唯一的（至今尚未使用过）即可，该值将被用来替代自动生成的值。后续的增量将开始使用该手工插入的值。（相关的例子请参阅本书中使用的表填充脚本。）

 确定AUTO_INCREMENT值　让MySQL生成（通过自动增量）主键的一个缺点是你不知道这些值都是谁。

考虑这个场景：你正在增加一个新订单。这要求在orders表中创建一行，然后在orderitems表中对订购的每项物品创建一行。order_num在orderitems表中与订单细节一起存储。这就是为什么orders表和orderitems表为相互关联的表的原因。这显然要求你在插入orders行之后，插入orderitems行之前知道生成的order_num。

那么，如何在使用AUTO_INCREMENT列时获得这个值呢？可使用last_insert_id()函数获得这个值，如下所示：

```
SELECT last_insert_id()
```

此语句返回最后一个AUTO_INCREMENT值，然后可以将它用于后续的MySQL语句。

199

21.1.5　指定默认值

如果在插入行时没有给出值，MySQL允许指定此时使用的默认值。默认值用CREATE TABLE语句的列定义中的DEFAULT关键字指定。

请看下面的例子：

 输入

```
CREATE TABLE orderitems
(
  order_num   int            NOT NULL ,
```

```
order_item int              NOT NULL ,
prod_id     char(10)        NOT NULL ,
quantity    int             NOT NULL  DEFAULT 1,
item_price decimal(8,2) NOT NULL ,
PRIMARY KEY (order_num, order_item)
) ENGINE=InnoDB;
```

 分析　这条语句创建包含组成订单的各物品的orderitems表（订单本身存储在orders表中）。quantity列包含订单中每项物品的数量。在此例子中，给该列的描述添加文本DEFAULT 1指示MySQL，在未给出数量的情况下使用数量1。

200

 不允许函数　与大多数DBMS不一样，MySQL不允许使用函数作为默认值，它只支持常量。

使用默认值而不是NULL值　许多数据库开发人员使用默认值而不是NULL列，特别是对用于计算或数据分组的列更是如此。

21.1.6　引擎类型

你可能已经注意到，迄今为止使用的CREATE TABLE语句全都以ENGINE=InnoDB语句结束。

与其他DBMS一样，MySQL有一个具体管理和处理数据的内部引擎。在你使用CREATE TABLE语句时，该引擎具体创建表，而在你使用SELECT语句或进行其他数据库处理时，该引擎在内部处理你的请求。多数时候，此引擎都隐藏在DBMS内，不需要过多关注它。

但MySQL与其他DBMS不一样，它具有多种引擎。它打包多个引擎，这些引擎都隐藏在MySQL服务器内，全都能执行CREATE TABLE和SELECT等命令。

为什么要发行多种引擎呢？因为它们具有各自不同的功能和特性，为不同的任务选择正确的引擎能获得良好的功能和灵活性。

当然，你完全可以忽略这些数据库引擎。如果省略ENGINE=语句，则使用默认引擎（很可能是MyISAM），多数SQL语句都会默认使用它。但并不是所有语句都默认使用它，这就是为什么ENGINE=语句很重要的原因（也就是为什么本书的样列表中使用两种引擎的原因）。

以下是几个需要知道的引擎：

❑ InnoDB是一个可靠的事务处理引擎（参见第26章），它不支持全文本搜索；

❑ MEMORY在功能等同于MyISAM，但由于数据存储在内存（不是磁盘）中，速度很快（特别适合于临时表）；

❑ MyISAM是一个性能极高的引擎，它支持全文本搜索（参见第18章），但不支持事务处理。

更多知识 所支持引擎的完整列表（及它们之间的不同），请参阅http://dev.mysql.com/doc/refman/5.0/en/storage_engines.html。

引擎类型可以混用。除productnotes表使用MyISAM外，本书中的样例表都使用InnoDB。原因是作者希望支持事务处理（因此，使用InnoDB），但也需要在productnotes中支持全文本搜索（因此，使用MyISAM）。

外键不能跨引擎 混用引擎类型有一个大缺陷。外键（用于强制实施引用完整性，如第1章所述）不能跨引擎，即使用一个引擎的表不能引用具有使用不同引擎的表的外键。

那么，你应该使用哪个引擎？这有赖于你需要什么样的特性。MyISAM由于其性能和特性可能是最受欢迎的引擎。但如果你需要可靠的事务处理，可以使用其他引擎。

21.2 更新表

为更新表定义，可使用ALTER TABLE语句。但是，理想状态下，当表中存储数据以后，该表就不应该再被更新。在表的设计过程中需要花费大量时间来考虑，以便后期不对该表进行大的改动。

为了使用ALTER TABLE更改表结构，必须给出下面的信息：

❏ 在ALTER TABLE之后给出要更改的表名（该表必须存在，否则将出错）；

❏ 所做更改的列表。

下面的例子给表添加一个列：

输入
```
ALTER TABLE vendors
ADD vend_phone CHAR(20);
```

分析　这条语句给vendors表增加一个名为vend_phone的列，必须明确其数据类型。

删除刚刚添加的列，可以这样做：

输入
```
ALTER TABLE vendors
DROP COLUMN vend_phone;
```

ALTER TABLE的一种常见用途是定义外键。下面是用来定义本书中的表所用的外键的代码：

```
ALTER TABLE orderitems
ADD CONSTRAINT fk_orderitems_orders
FOREIGN KEY (order_num) REFERENCES orders (order_num);

ALTER TABLE orderitems
ADD CONSTRAINT fk_orderitems_products FOREIGN KEY (prod_id)
REFERENCES products (prod_id);

ALTER TABLE orders
ADD CONSTRAINT fk_orders_customers FOREIGN KEY (cust_id)
REFERENCES customers (cust_id);

ALTER TABLE products
ADD CONSTRAINT fk_products_vendors
FOREIGN KEY (vend_id) REFERENCES vendors (vend_id);
```

这里，由于要更改4个不同的表，使用了4条ALTER TABLE语句。为了对单个表进行多个更改，可以使用单条ALTER TABLE语句，每个更改用逗号分隔。

复杂的表结构更改一般需要手动删除过程，它涉及以下步骤：

❏ 用新的列布局创建一个新表；

❏ 使用INSERT SELECT语句（关于这条语句的详细介绍，请参阅第

203

19章）从旧表复制数据到新表。如果有必要，可使用转换函数和
计算字段；

❑ 检验包含所需数据的新表；

❑ 重命名旧表（如果确定，可以删除它）；

❑ 用旧表原来的名字重命名新表；

❑ 根据需要，重新创建触发器、存储过程、索引和外键。

 小心使用ALTER TABLE 使用ALTER TABLE要极为小心，应该
在进行改动前做一个完整的备份（模式和数据的备份）。数据
库表的更改不能撤销，如果增加了不需要的列，可能不能删
除它们。类似地，如果删除了不应该删除的列，可能会丢失
该列中的所有数据。

204

21.3 删除表

删除表（删除整个表而不是其内容）非常简单，使用DROP TABLE语
句即可：

输入

```
DROP TABLE customers2;
```

分析

这条语句删除customers2表（假设它存在）。删除表没有确认，
也不能撤销，执行这条语句将永久删除该表。

21.4 重命名表

使用RENAME TABLE语句可以重命名一个表：

输入

```
RENAME TABLE customers2 TO customers;
```

分析

RENAME TABLE所做的仅是重命名一个表。可以使用下面的语
句对多个表重命名：

```
RENAME TABLE backup_customers TO customers,
             backup_vendors TO vendors,
             backup_products TO products;
```

21.5   小结

本章介绍了几条新SQL语句。CREATE TABLE用来创建新表，ALTER TABLE用来更改表列（或其他诸如约束或索引等对象），而DROP TABLE用来完整地删除一个表。这些语句必须小心使用，并且应在做了备份后使用。本章还介绍了数据库引擎、定义主键和外键，以及其他重要的表和列选项。

第 22 章

使 用 视 图

本章将介绍视图究竟是什么，它们怎样工作，何时使用它们。我们还将看到如何利用视图简化前面章节中执行的某些SQL操作。

22.1 视图

> 需要MySQL 5 MySQL 5添加了对视图的支持。因此，本章内容适用于MySQL 5及以后的版本。

视图是虚拟的表。与包含数据的表不一样，视图只包含使用时动态检索数据的查询。

理解视图的最好方法是看一个例子。第15章中用下面的SELECT语句从3个表中检索数据：

```
SELECT cust_name, cust_contact
FROM customers, orders, orderitems
WHERE customers.cust_id = orders.cust_id
  AND orderitems.order_num = orders.order_num
  AND prod_id = 'TNT2';
```

此查询用来检索订购了某个特定产品的客户。任何需要这个数据的人都必须理解相关表的结构，并且知道如何创建查询和对表进行联结。为了检索其他产品（或多个产品）的相同数据，必须修改最后的WHERE子句。

现在，假如可以把整个查询包装成一个名为productcustomers的虚拟表，则可以如下轻松地检索出相同的数据：

```
SELECT cust_name, cust_contact
FROM productcustomers
WHERE prod_id = 'TNT2';
```

这就是视图的作用。productcustomers是一个视图，作为视图，它不包含表中应该有的任何列或数据，它包含的是一个SQL查询（与上面用以正确联结表的相同的查询）。

22.1.1 为什么使用视图

我们已经看到了视图应用的一个例子。下面是视图的一些常见应用。

- 重用SQL语句。
- 简化复杂的SQL操作。在编写查询后，可以方便地重用它而不必知道它的基本查询细节。
- 使用表的组成部分而不是整个表。
- 保护数据。可以给用户授予表的特定部分的访问权限而不是整个表的访问权限。
- 更改数据格式和表示。视图可返回与底层表的表示和格式不同的数据。

在视图创建之后，可以用与表基本相同的方式利用它们。可以对视图执行SELECT操作，过滤和排序数据，将视图联结到其他视图或表，甚至能添加和更新数据（添加和更新数据存在某些限制。关于这个内容稍后还要做进一步的介绍）。

重要的是知道视图仅仅是用来查看存储在别处的数据的一种设施。视图本身不包含数据，因此它们返回的数据是从其他表中检索出来的。在添加或更改这些表中的数据时，视图将返回改变过的数据。

性能问题 因为视图不包含数据，所以每次使用视图时，都必须处理查询执行时所需的任一个检索。如果你用多个联结和过滤创建了复杂的视图或者嵌套了视图，可能会发现性能下降得很厉害。因此，在部署使用了大量视图的应用前，应该进行测试。

22.1.2 视图的规则和限制

下面是关于视图创建和使用的一些最常见的规则和限制。

❏ 与表一样，视图必须唯一命名（不能给视图取与别的视图或表相同的名字）。

❏ 对于可以创建的视图数目没有限制。

❏ 为了创建视图，必须具有足够的访问权限。这些限制通常由数据库管理人员授予。

❏ 视图可以嵌套，即可以利用从其他视图中检索数据的查询来构造一个视图。

❏ ORDER BY可以用在视图中，但如果从该视图检索数据的SELECT语句中也含有ORDER BY，那么该视图中的ORDER BY将被覆盖。

❏ 视图不能索引，也不能有关联的触发器或默认值。

❏ 视图可以和表一起使用。例如，编写一条联结表和视图的SELECT语句。

209

22.2 使用视图

在理解什么是视图（以及管理它们的规则及约束）后，我们来看一下视图的创建。

❏ 视图用CREATE VIEW语句来创建。

❏ 使用SHOW CREATE VIEW viewname;来查看创建视图的语句。

❏ 用DROP删除视图，其语法为DROP VIEW viewname;。

❏ 更新视图时，可以先用DROP再用CREATE，也可以直接用CREATE OR REPLACE VIEW。如果要更新的视图不存在，则第2条更新语句会创建一个视图；如果要更新的视图存在，则第2条更新语句会替换原有视图。

22.2.1 利用视图简化复杂的联结

视图的最常见的应用之一是隐藏复杂的SQL，这通常都会涉及联结。请看下面的例子：

输入
```
CREATE VIEW productcustomers AS
SELECT cust_name, cust_contact, prod_id
FROM customers, orders, orderitems
WHERE customers.cust_id = orders.cust_id
  AND orderitems.order_num = orders.order_num;
```

分析 这条语句创建一个名为productcustomers的视图，它联结三个表，以返回已订购了任意产品的所有客户的列表。如果执行 SELECT * FROM productcustomers，将列出订购了任意产品的客户。

210 为检索订购了产品TNT2的客户，可如下进行：

输入
```
SELECT cust_name, cust_contact
FROM productcustomers
WHERE prod_id = 'TNT2';
```

输出
```
+----------------+--------------+
| cust_name      | cust_contact |
+----------------+--------------+
| Coyote Inc.    | Y Lee        |
| Yosemite Place | Y Sam        |
+----------------+--------------+
```

分析 这条语句通过WHERE子句从视图中检索特定数据。在MySQL处理此查询时，它将指定的WHERE子句添加到视图查询中的已有 WHERE子句中，以便正确过滤数据。

可以看出，视图极大地简化了复杂SQL语句的使用。利用视图，可一次性编写基础的SQL，然后根据需要多次使用。

 创建可重用的视图 创建不受特定数据限制的视图是一种好办法。例如，上面创建的视图返回生产所有产品的客户而不仅仅是生产TNT2的客户。扩展视图的范围不仅使得它能被重用，而且甚至更有用。这样做不需要创建和维护多个类似视图。

22.2.2 用视图重新格式化检索出的数据

如上所述，视图的另一常见用途是重新格式化检索出的数据。下面 211 的SELECT语句（来自第10章）在单个组合计算列中返回供应商名和位置：

```
SELECT Concat(RTrim(vend_name), ' (', RTrim(vend_country), ')')
       AS vend_title
FROM vendors
ORDER BY vend_name;
+------------------------+
| vend_title             |
+------------------------+
| ACME (USA)             |
| Anvils R Us (USA)      |
| Furball Inc. (USA)     |
| Jet Set (England)      |
| Jouets Et Ours (France)|
| LT Supplies (USA)      |
+------------------------+
```

现在，假如经常需要这个格式的结果。不必在每次需要时执行联结，创建一个视图，每次需要时使用它即可。为把此语句转换为视图，可按如下进行：

```
CREATE VIEW vendorlocations AS
SELECT Concat(RTrim(vend_name), ' (', RTrim(vend_country), ')')
       AS vend_title
FROM vendors
ORDER BY vend_name;
```

这条语句使用与以前的SELECT语句相同的查询创建视图。为了检索出以创建所有邮件标签的数据，可如下进行：

```
SELECT *
FROM vendorlocations;
+------------------------+
| vend_title             |
+------------------------+
| ACME (USA)             |
| Anvils R Us (USA)      |
| Furball Inc. (USA)     |
| Jet Set (England)      |
| Jouets Et Ours (France)|
| LT Supplies (USA)      |
+------------------------+
```

212

22.2.3　用视图过滤不想要的数据

视图对于应用普通的WHERE子句也很有用。例如，可以定义customeremaillist视图，它过滤没有电子邮件地址的客户。为此目的，可使用下面的语句：

输入
```
CREATE VIEW customeremaillist AS
SELECT cust_id, cust_name, cust_email
FROM customers
WHERE cust_email IS NOT NULL;
```

分析　显然，在发送电子邮件到邮件列表时，需要排除没有电子邮件地址的用户。这里的WHERE子句过滤了cust_email列中具有NULL值的那些行，使他们不被检索出来。

现在，可以像使用其他表一样使用视图customeremaillist。

213

输入
```
SELECT *
FROM customeremaillist;
```

输出
```
+---------+---------------+----------------------+
| cust_id | cust_name     | cust_email           |
+---------+---------------+----------------------+
|   10001 | Coyote Inc.   | ylee@coyote.com      |
|   10003 | Wascals       | rabbit@wascally.com  |
|   10004 | Yosemite Place| sam@yosemite.com     |
+---------+---------------+----------------------+
```

WHERE子句与WHERE子句　如果从视图检索数据时使用了一条WHERE子句，则两组子句（一组在视图中，另一组是传递给视图的）将自动组合。

22.2.4　使用视图与计算字段

视图对于简化计算字段的使用特别有用。下面是第10章中介绍的一条SELECT语句。它检索某个特定订单中的物品，计算每种物品的总价格：

输入
```
SELECT prod_id,
       quantity,
       item_price,
       quantity*item_price AS expanded_price
FROM orderitems
WHERE order_num = 20005;
```

输出
```
+---------+----------+------------+----------------+
| prod_id | quantity | item_price | expanded_price |
+---------+----------+------------+----------------+
| ANV01   |       10 | 5.99       | 59.90          |
| ANV02   |        3 | 9.99       | 29.97          |
| TNT2    |        5 | 10.00      | 50.00          |
| FB      |        1 | 10.00      | 10.00          |
+---------+----------+------------+----------------+
```

214

为将其转换为一个视图，如下进行：

输入
```
CREATE VIEW orderitemsexpanded AS
SELECT order_num,
       prod_id,
       quantity,
       item_price,
       quantity*item_price AS expanded_price
FROM orderitems;
```

为检索订单20005的详细内容（上面的输出），如下进行：

输入
```
SELECT *
FROM orderitemsexpanded
WHERE order_num = 20005;
```

输出

order_num	prod_id	quantity	item_price	expanded_price
20005	ANV01	10	5.99	59.90
20005	ANV02	3	9.99	29.97
20005	TNT2	5	10.00	50.00
20005	FB	1	10.00	10.00

可以看到，视图非常容易创建，而且很好使用。正确使用，视图可极大地简化复杂的数据处理。

22.2.5 更新视图

迄今为止的所有视图都是和SELECT语句使用的。然而，视图的数据能否更新？答案视情况而定。

通常，视图是可更新的（即，可以对它们使用INSERT、UPDATE和DELETE）。更新一个视图将更新其基表（可以回忆一下，视图本身没有数据）。如果你对视图增加或删除行，实际上是对其基表增加或删除行。

但是，并非所有视图都是可更新的。基本上可以说，如果MySQL不能正确地确定被更新的基数据，则不允许更新（包括插入和删除）。这实际上意味着，如果视图定义中有以下操作，则不能进行视图的更新：

- ❑ 分组（使用GROUP BY和HAVING）；
- ❑ 联结；
- ❑ 子查询；
- ❑ 并；
- ❑ 聚集函数（Min()、Count()、Sum()等）；

215

❏ DISTINCT；

❏ 导出（计算）列。

换句话说，本章许多例子中的视图都是不可更新的。这听上去好像
是一个严重的限制，但实际上不是，因为视图主要用于数据检索。

可能的变动 上面列出的限制自MySQL 5以来是正确的。不
过，未来的MySQL很可能会取消某些限制。

将视图用于检索 一般，应该将视图用于检索（SELECT语句）
而不用于更新（INSERT、UPDATE和DELETE）。

22.3 小结

视图为虚拟的表。它们包含的不是数据而是根据需要检索数据的查
询。视图提供了一种MySQL的SELECT语句层次的封装，可用来简化数据
处理以及重新格式化基础数据或保护基础数据。

第23章

使用存储过程

本章介绍什么是存储过程，为什么要使用存储过程以及如何使用存储过程，并且介绍创建和使用存储过程的基本语法。

23.1 存储过程

 需要MySQL 5 MySQL 5添加了对存储过程的支持，因此，本章内容适用于MySQL 5及以后的版本。

迄今为止，使用的大多数SQL语句都是针对一个或多个表的单条语句。并非所有操作都这么简单，经常会有一个完整的操作需要多条语句才能完成。例如，考虑以下的情形。

❑ 为了处理订单，需要核对以保证库存中有相应的物品。

❑ 如果库存有物品，这些物品需要预定以便不将它们再卖给别的人，并且要减少可用的物品数量以反映正确的库存量。

❑ 库存中没有的物品需要订购，这需要与供应商进行某种交互。

❑ 关于哪些物品入库（并且可以立即发货）和哪些物品退订，需要通知相应的客户。

这显然不是一个完整的例子，它甚至超出了本书中所用样例表的范围，但足以帮助表达我们的意思了。执行这个处理需要针对许多表的多条MySQL语句。此外，需要执行的具体语句及其次序也不是固定的，它们可能会（和将）根据哪些物品在库存中哪些不在而变化。

那么，怎样编写此代码？可以单独编写每条语句，并根据结果有条件地执行另外的语句。在每次需要这个处理时（以及每个需要它的应用中）都必须做这些工作。

可以创建存储过程。存储过程简单来说，就是为以后的使用而保存的一条或多条MySQL语句的集合。可将其视为批文件，虽然它们的作用不仅限于批处理。

23.2 为什么要使用存储过程

既然我们知道了什么是存储过程，那么为什么要使用它们呢？有许多理由，下面列出一些主要的理由。

- 通过把处理封装在容易使用的单元中，简化复杂的操作（正如前面例子所述）。
- 由于不要求反复建立一系列处理步骤，这保证了数据的完整性。如果所有开发人员和应用程序都使用同一（试验和测试）存储过程，则所使用的代码都是相同的。

  这一点的延伸就是防止错误。需要执行的步骤越多，出错的可能性就越大。防止错误保证了数据的一致性。

- 简化对变动的管理。如果表名、列名或业务逻辑（或别的内容）有变化，只需要更改存储过程的代码。使用它的人员甚至不需要知道这些变化。

这一点的延伸就是安全性。通过存储过程限制对基础数据的访问减少了数据讹误（无意识的或别的原因所导致的数据讹误）的机会。

- 提高性能。因为使用存储过程比使用单独的SQL语句要快。
- 存在一些只能用在单个请求中的MySQL元素和特性，存储过程可以使用它们来编写功能更强更灵活的代码（在下一章的例子中可以看到。）

换句话说，使用存储过程有3个主要的好处，即简单、安全、高性能。显然，它们都很重要。不过，在将SQL代码转换为存储过程前，也必须知道它的一些缺陷。

- 一般来说，存储过程的编写比基本SQL语句复杂，编写存储过程需要更高的技能，更丰富的经验。

❑ 你可能没有创建存储过程的安全访问权限。许多数据库管理员限制存储过程的创建权限，允许用户使用存储过程，但不允许他们创建存储过程。

尽管有这些缺陷，存储过程还是非常有用的，并且应该尽可能地使用。

 不能编写存储过程？你依然可以使用 MySQL将编写存储过程的安全和访问与执行存储过程的安全和访问区分开来。这是好事情。即使你不能（或不想）编写自己的存储过程，也仍然可以在适当的时候执行别的存储过程。

23.3 使用存储过程

使用存储过程需要知道如何执行（运行）它们。存储过程的执行远比其定义更经常遇到，因此，我们将从执行存储过程开始介绍。然后再介绍创建和使用存储过程。

219

23.3.1 执行存储过程

MySQL称存储过程的执行为调用，因此MySQL执行存储过程的语句为CALL。CALL接受存储过程的名字以及需要传递给它的任意参数。请看以下例子：

```
CALL productpricing(@pricelow,
                    @pricehigh,
                    @priceaverage);
```

分析 其中，执行名为productpricing的存储过程，它计算并返回产品的最低、最高和平均价格。

存储过程可以显示结果，也可以不显示结果，如稍后所述。

23.3.2 创建存储过程

正如所述，编写存储过程并不是微不足道的事情。为让你了解这个过程，请看一个例子——一个返回产品平均价格的存储过程。以下是其代码：

输入
```
CREATE PROCEDURE productpricing()
BEGIN
    SELECT Avg(prod_price) AS priceaverage
    FROM products;
END;
```

分析 我们稍后介绍第一条和最后一条语句。此存储过程名为
productpricing，用CREATE PROCEDURE productpricing()语
句定义。如果存储过程接受参数，它们将在()中列举出来。此存储过程没
有参数，但后跟的()仍然需要。BEGIN和END语句用来限定存储过程体，过
程体本身仅是一个简单的SELECT语句（使用第12章介绍的Avg()函数）。

220

　　在MySQL处理这段代码时，它创建一个新的存储过程product-
pricing。没有返回数据，因为这段代码并未调用存储过程，这里只是为
以后使用而创建它。

mysql命令行客户机的分隔符　　如果你使用的是mysql命令行
实用程序，应该仔细阅读此说明。

默认的MySQL语句分隔符为;（正如你已经在迄今为止所使用
的MySQL语句中所看到的那样）。mysql命令行实用程序也使
用;作为语句分隔符。如果命令行实用程序要解释存储过程自
身内的;字符，则它们最终不会成为存储过程的成分，这会使
存储过程中的SQL出现句法错误。

解决办法是临时更改命令行实用程序的语句分隔符，如下所示：
```
DELIMITER //

CREATE PROCEDURE productpricing()
BEGIN
    SELECT Avg(prod_price) AS priceaverage
    FROM products;
END //

DELIMITER ;
```
其中，DELIMITER //告诉命令行实用程序使用//作为新的语
句结束分隔符，可以看到标志存储过程结束的END定义为END
//而不是END;。这样，存储过程体内的;仍然保持不动，并且
正确地传递给数据库引擎。最后，为恢复为原来的语句分隔符，

221

> 可使用DELIMITER ;。
>
> 除\符号外，任何字符都可以用作语句分隔符。
>
> 如果你使用的是mysql命令行实用程序，在阅读本章时请记住这里的内容。

那么，如何使用这个存储过程？如下所示：

输入

```
CALL productpricing();
```

输出

```
+--------------+
| priceaverage |
+--------------+
|    16.133571 |
+--------------+
```

分析 CALL productpricing();执行刚创建的存储过程并显示返回的结果。因为存储过程实际上是一种函数，所以存储过程名后需要有()符号（即使不传递参数也需要）。

23.3.3 删除存储过程

存储过程在创建之后，被保存在服务器上以供使用，直至被删除。删除命令（类似于第21章所介绍的语句）从服务器中删除存储过程。

为删除刚创建的存储过程，可使用以下语句：

输入

```
DROP PROCEDURE productpricing;
```

222

分析 这条语句删除刚创建的存储过程。请注意没有使用后面的()，只给出存储过程名。

 仅当存在时删除 如果指定的过程不存在，则DROP PROCEDURE 将产生一个错误。当过程存在想删除它时（如果过程不存在也不产生错误）可使用DROP PROCEDURE IF EXISTS。

23.3.4 使用参数

productpricing只是一个简单的存储过程，它简单地显示SELECT语句的结果。一般，存储过程并不显示结果，而是把结果返回给你指定的变量。

 变量（variable）内存中一个特定的位置，用来临时存储数据。

以下是productpricing的修改版本（如果不先删除此存储过程，则不能再次创建它）：

```
CREATE PROCEDURE productpricing(
    OUT pl DECIMAL(8,2),
    OUT ph DECIMAL(8,2),
    OUT pa DECIMAL(8,2)
)
BEGIN
    SELECT Min(prod_price)
    INTO pl
    FROM products;
    SELECT Max(prod_price)
    INTO ph
    FROM products;
    SELECT Avg(prod_price)
    INTO pa
    FROM products;
END;
```

223

分析 此存储过程接受3个参数：pl存储产品最低价格，ph存储产品最高价格，pa存储产品平均价格。每个参数必须具有指定的类型，这里使用十进制值。关键字OUT指出相应的参数用来从存储过程传出一个值（返回给调用者）。MySQL支持IN（传递给存储过程）、OUT（从存储过程传出，如这里所用）和INOUT（对存储过程传入和传出）类型的参数。存储过程的代码位于BEGIN和END语句内，如前所见，它们是一系列SELECT语句，用来检索值，然后保存到相应的变量（通过指定INTO关键字）。

 参数的数据类型 存储过程的参数允许的数据类型与表中使用的数据类型相同。附录D列出了这些类型。

注意，记录集不是允许的类型，因此，不能通过一个参数返回多个行和列。这就是前面的例子为什么要使用3个参数（和3条SELECT语句）的原因。

为调用此修改过的存储过程，必须指定3个变量名，如下所示：

输入
```
CALL productpricing(@pricelow,
                    @pricehigh,
                    @priceaverage);
```

分析 由于此存储过程要求3个参数，因此必须正好传递3个参数，不多也不少。所以，这条CALL语句给出3个参数。它们是存储过程将保存结果的3个变量的名字。 |224|

 变量名 所有MySQL变量都必须以@开始。

在调用时，这条语句并不显示任何数据。它返回以后可以显示（或在其他处理中使用）的变量。

为了显示检索出的产品平均价格，可如下进行：

输入
```
SELECT @priceaverage;
```

输出
```
+---------------+
| @priceaverage |
+---------------+
| 16.133571428  |
+---------------+
```

为了获得3个值，可使用以下语句：

输入
```
SELECT @pricehigh, @pricelow, @priceaverage;
```

输出
```
+------------+-----------+---------------+
| @pricehigh | @pricelow | @priceaverage |
+------------+-----------+---------------+
| 55.00      | 2.50      | 16.133571428  |
+------------+-----------+---------------+
```

下面是另外一个例子，这次使用IN和OUT参数。ordertotal接受订单号并返回该订单的合计： |225|

输入
```
CREATE PROCEDURE ordertotal(
    IN onumber INT,
    OUT ototal DECIMAL(8,2)
)
BEGIN
    SELECT Sum(item_price*quantity)
```

```
            FROM orderitems
            WHERE order_num = onumber
            INTO ototal;
        END;
```

分析　onumber定义为IN，因为订单号被传入存储过程。ototal定义为OUT，因为要从存储过程返回合计。SELECT语句使用这两个参数，WHERE子句使用onumber选择正确的行，INTO使用ototal存储计算出来的合计。

为调用这个新存储过程，可使用以下语句：

输入
```
CALL ordertotal(20005, @total);
```

分析　必须给ordertotal传递两个参数；第一个参数为订单号，第二个参数为包含计算出来的合计的变量名。

为了显示此合计，可如下进行：

226

输入
```
SELECT @total;
```

输出
```
+--------+
| @total |
+--------+
| 149.87 |
+--------+
```

分析　@total已由ordertotal的CALL语句填写，SELECT显示它包含的值。

为了得到另一个订单的合计显示，需要再次调用存储过程，然后重新显示变量：

输入
```
CALL ordertotal(20009, @total);
SELECT @total;
```

23.3.5　建立智能存储过程

迄今为止使用的所有存储过程基本上都是封装MySQL简单的SELECT语句。虽然它们全都是有效的存储过程例子，但它们所能完成的工作你直接用这些被封装的语句就能完成（如果说它们还能带来更多的东西，那就是使事情更复杂)。只有在存储过程内包含业务规则和智能处理时，它们的威力才真正显现出来。

考虑这个场景。你需要获得与以前一样的订单合计，但需要对合计增加营业税，不过只针对某些顾客（或许是你所在州中那些顾客）。那么，你需要做下面几件事情：

❑ 获得合计（与以前一样）；
❑ 把营业税有条件地添加到合计；
❑ 返回合计（带或不带税）。

227

存储过程的完整工作如下：

输入

```
-- Name: ordertotal
-- Parameters: onumber = order number
--             taxable = 0 if not taxable, 1 if taxable
--             ototal  = order total variable
CREATE PROCEDURE ordertotal(
    IN onumber INT,
    IN taxable BOOLEAN,
    OUT ototal DECIMAL(8,2)
) COMMENT 'Obtain order total, optionally adding tax'
BEGIN

    -- Declare variable for total
    DECLARE total DECIMAL(8,2);
    -- Declare tax percentage
    DECLARE taxrate INT DEFAULT 6;

    -- Get the order total
    SELECT Sum(item_price*quantity)
    FROM orderitems
    WHERE order_num = onumber
    INTO total;

    -- Is this taxable?
    IF taxable THEN
        -- Yes, so add taxrate to the total
        SELECT total+(total/100*taxrate) INTO total;
    END IF;
```

```
-- And finally, save to out variable
SELECT total INTO ototal;

END;
```

分析　此存储过程有很大的变动。首先，增加了注释（前面放置--）。在存储过程复杂性增加时，这样做特别重要。添加了另外一个参数taxable，它是一个布尔值（如果要增加税则为真，否则为假）。在存储过程体中，用DECLARE语句定义了两个局部变量。DECLARE要求指定变量名和数据类型，它也支持可选的默认值（这个例子中的taxrate的默认被设置为6%）。SELECT语句已经改变，因此其结果存储到total（局部变量）而不是ototal。IF语句检查taxable是否为真，如果为真，则用另一SELECT语句增加营业税到局部变量total。最后，用另一SELECT语句将total（它增加或许不增加营业税）保存到ototal。

> **COMMENT关键字**　本例子中的存储过程在CREATE PROCEDURE语句中包含了一个COMMENT值。它不是必需的，但如果给出，将在SHOW PROCEDURE STATUS的结果中显示。

这显然是一个更高级，功能更强的存储过程。为试验它，请用以下两条语句：

输入
```
CALL ordertotal(20005, 0, @total);
SELECT @total;
```

输出
```
+--------+
| @total |
+--------+
| 149.87 |
+--------+
```

输入
```
CALL ordertotal(20005, 1, @total);
SELECT @total;
```

输出
```
+---------------+
| @total        |
+---------------+
| 158.862200000 |
+---------------+
```

分析　BOOLEAN值指定为1表示真，指定为0表示假（实际上，非零值都考虑为真，只有0被视为假）。通过给中间的参数指定0或1，可以有条件地将营业税加到订单合计上。

 IF语句 这个例子给出了MySQL的IF语句的基本用法。IF语句还支持ELSEIF和ELSE子句（前者还使用THEN子句，后者不使用）。在以后章节中我们将会看到IF的其他用法（以及其他流控制语句）。

23.3.6 检查存储过程

为显示用来创建一个存储过程的CREATE语句，使用SHOW CREATE PROCEDURE语句：

输入 `SHOW CREATE PROCEDURE ordertotal;`

为了获得包括何时、由谁创建等详细信息的存储过程列表，使用SHOW PROCEDURE STATUS。

 限制过程状态结果 SHOW PROCEDURE STATUS列出所有存储过程。为限制其输出，可使用LIKE指定一个过滤模式，例如：

`SHOW PROCEDURE STATUS LIKE 'ordertotal';`

23.4 小结

本章介绍了什么是存储过程以及为什么要使用存储过程。我们介绍了存储过程的执行和创建的语法以及使用存储过程的一些方法。下一章我们将继续这个话题。

230

第24章

使 用 游 标

本章将讲授什么是游标以及如何使用游标。

24.1 游标

　需要MySQL 5　MySQL 5添加了对游标的支持，因此，本章内容适用于MySQL 5及以后的版本。

由前几章可知，MySQL检索操作返回一组称为结果集的行。这组返回的行都是与SQL语句相匹配的行（零行或多行）。使用简单的SELECT语句，例如，没有办法得到第一行、下一行或前10行，也不存在每次一行地处理所有行的简单方法（相对于成批地处理它们）。

有时，需要在检索出来的行中前进或后退一行或多行。这就是使用游标的原因。游标（cursor）是一个存储在MySQL服务器上的数据库查询，它不是一条SELECT语句，而是被该语句检索出来的结果集。在存储了游标之后，应用程序可以根据需要滚动或浏览其中的数据。

游标主要用于交互式应用，其中用户需要滚动屏幕上的数据，并对数据进行浏览或做出更改。

231

　只能用于存储过程　不像多数DBMS，MySQL游标只能用于存储过程（和函数）。

24.2 使用游标

使用游标涉及几个明确的步骤。

□ 在能够使用游标前，必须声明（定义）它。这个过程实际上没有
检索数据，它只是定义要使用的SELECT语句。

□ 一旦声明后，必须打开游标以供使用。这个过程用前面定义的
SELECT语句把数据实际检索出来。

□ 对于填有数据的游标，根据需要取出（检索）各行。

□ 在结束游标使用时，必须关闭游标。

在声明游标后，可根据需要频繁地打开和关闭游标。在游标打开后，
可根据需要频繁地执行取操作。

24.2.1 创建游标

游标用DECLARE语句创建（参见第23章）。DECLARE命名游标，并定
义相应的SELECT语句，根据需要带WHERE和其他子句。例如，下面的语
句定义了名为ordernumbers的游标，使用了可以检索所有订单的SELECT
语句。

输入
```
CREATE PROCEDURE processorders()
BEGIN
    DECLARE ordernumbers CURSOR
    FOR
    SELECT order_num FROM orders;
END;
```

232

分析 这个存储过程并没有做很多事情，DECLARE语句用来定义和命
名游标，这里为ordernumbers。存储过程处理完成后，游标就
消失（因为它局限于存储过程）。

在定义游标之后，可以打开它。

24.2.2 打开和关闭游标

游标用OPEN CURSOR语句来打开：

输入
```
OPEN ordernumbers;
```

分析 在处理OPEN语句时执行查询，存储检索出的数据以供浏览和滚
动。

游标处理完成后，应当使用如下语句关闭游标：

输入

```
CLOSE ordernumbers;
```

分析 CLOSE释放游标使用的所有内部内存和资源，因此在每个游标不再需要时都应该关闭。

在一个游标关闭后，如果没有重新打开，则不能使用它。但是，使用声明过的游标不需要再次声明，用OPEN语句打开它就可以了。

> **隐含关闭** 如果你不明确关闭游标，MySQL将会在到达END语句时自动关闭它。

下面是前面例子的修改版本：

输入

```
CREATE PROCEDURE processorders()
BEGIN
    -- Declare the cursor
    DECLARE ordernumbers CURSOR
    FOR
    SELECT order_num FROM orders;

    -- Open the cursor
    OPEN ordernumbers;

    -- Close the cursor
    CLOSE ordernumbers;

END;
```

分析 这个存储过程声明、打开和关闭一个游标。但对检索出的数据什么也没做。

24.2.3　使用游标数据

在一个游标被打开后，可以使用FETCH语句分别访问它的每一行。FETCH指定检索什么数据（所需的列），检索出来的数据存储在什么地方。它还向前移动游标中的内部行指针，使下一条FETCH语句检索下一行（不重复读取同一行）。

第一个例子从游标中检索单个行（第一行）：

输入
```
CREATE PROCEDURE processorders()
BEGIN

    -- Declare local variables
    DECLARE o INT;

    -- Declare the cursor
    DECLARE ordernumbers CURSOR
    FOR
    SELECT order_num FROM orders;

    -- Open the cursor
    OPEN ordernumbers;

    -- Get order number
    FETCH ordernumbers INTO o;

    -- Close the cursor
    CLOSE ordernumbers;

END;
```

分析　其中FETCH用来检索当前行的order_num列（将自动从第一行开始）到一个名为o的局部声明的变量中。对检索出的数据不做任何处理。

在下一个例子中，循环检索数据，从第一行到最后一行：

输入
```
CREATE PROCEDURE processorders()
BEGIN

    -- Declare local variables
    DECLARE done BOOLEAN DEFAULT 0;
    DECLARE o INT;

    -- Declare the cursor
    DECLARE ordernumbers CURSOR
    FOR
    SELECT order_num FROM orders;
    -- Declare continue handler
    DECLARE CONTINUE HANDLER FOR SQLSTATE '02000' SET done=1;

    -- Open the cursor
    OPEN ordernumbers;
```

```
-- Loop through all rows
REPEAT

    -- Get order number
    FETCH ordernumbers INTO o;

-- End of loop
UNTIL done END REPEAT;

-- Close the cursor
CLOSE ordernumbers;

END;
```

 与前一个例子一样，这个例子使用FETCH检索当前order_num到声明的名为o的变量中。但与前一个例子不一样的是，这个例子中的FETCH是在REPEAT内，因此它反复执行直到done为真（由UNTIL done END REPEAT;规定）。为使它起作用，用一个DEFAULT 0（假，不结束）定义变量done。那么，done怎样才能在结束时被设置为真呢？答案是用以下语句：

```
DECLARE CONTINUE HANDLER FOR SQLSTATE '02000' SET done=1;
```

这条语句定义了一个CONTINUE HANDLER，它是在条件出现时被执行的代码。这里，它指当SQLSTATE '02000'出现时，SET done=1。SQLSTATE '02000'是一个未找到条件，当REPEAT由于没有更多的行供循环而不能继续时，出现这个条件。

> **MySQL的错误代码**　关于MySQL 5使用的MySQL错误代码列表，请参阅http://dev.mysql.com/doc/mysql/en/error-handling.html。

> **DECLARE语句的次序**　DECLARE语句的发布存在特定的次序。用DECLARE语句定义的局部变量必须在定义任意游标或句柄之前定义，而句柄必须在游标之后定义。不遵守此顺序将产生错误消息。

如果调用这个存储过程，它将定义几个变量和一个CONTINUE HANDLER，定义并打开一个游标，重复读取所有行，然后关闭游标。

如果一切正常，你可以在循环内放入任意需要的处理（在FETCH语句之后，循环结束之前）。

 重复或循环? 除这里使用的REPEAT语句外，MySQL还支持循环语句，它可用来重复执行代码，直到使用LEAVE语句手动退出为止。通常REPEAT语句的语法使它更适合于对游标进行循环。

为了把这些内容组织起来，下面给出我们的游标存储过程样例的更进一步修改的版本，这次对取出的数据进行某种实际的处理：

```
CREATE PROCEDURE processorders()
BEGIN

    -- Declare local variables
    DECLARE done BOOLEAN DEFAULT 0;
    DECLARE o INT;
    DECLARE t DECIMAL(8,2);

    -- Declare the cursor
    DECLARE ordernumbers CURSOR
    FOR
    SELECT order_num FROM orders;
    -- Declare continue handler
    DECLARE CONTINUE HANDLER FOR SQLSTATE '02000' SET done=1;

    -- Create a table to store the results
    CREATE TABLE IF NOT EXISTS ordertotals
        (order_num INT, total DECIMAL(8,2));

    -- Open the cursor
    OPEN ordernumbers;

    -- Loop through all rows
    REPEAT

        -- Get order number
        FETCH ordernumbers INTO o;

        -- Get the total for this order
        CALL ordertotal(o, 1, t);

        -- Insert order and total into ordertotals
        INSERT INTO ordertotals(order_num, total)
        VALUES(o, t);
```

237

```
    -- End of loop
UNTIL done END REPEAT;

    -- Close the cursor
CLOSE ordernumbers;

END;
```

分析 在这个例子中，我们增加了另一个名为t的变量（存储每个订单的合计）。此存储过程还在运行中创建了一个新表（如果它不存在的话），名为ordertotals。这个表将保存存储过程生成的结果。FETCH像以前一样取每个order_num，然后用CALL执行另一个存储过程（我们在前一章中创建）来计算每个订单的带税的合计（结果存储到t）。最后，用INSERT保存每个订单的订单号和合计。

此存储过程不返回数据，但它能够创建和填充另一个表，可以用一条简单的SELECT语句查看该表：

输入
```
SELECT *
FROM ordertotals;
```
输出
```
+-----------+---------+
| order_num | total   |
+-----------+---------+
|     20005 |  158.86 |
|     20006 |   58.30 |
|     20007 | 1060.00 |
|     20008 |  132.50 |
|     20009 |   40.78 |
+-----------+---------+
```

这样，我们就得到了存储过程、游标、逐行处理以及存储过程调用其他存储过程的一个完整的工作样例。

24.3　小结

本章介绍了什么是游标以及为什么要使用游标，举了演示基本游标使用的例子，并且讲解了对游标结果进行循环以及逐行处理的技术。

第25章

使用触发器

本章学习什么是触发器，为什么要使用触发器以及如何使用触发器。本章还介绍创建和使用触发器的语法。

25.1 触发器

 需要MySQL 5 对触发器的支持是在MySQL 5中增加的。因此，本章内容适用于MySQL 5或之后的版本。

MySQL语句在需要时被执行，存储过程也是如此。但是，如果你想要某条语句（或某些语句）在事件发生时自动执行，怎么办呢？例如：

❑ 每当增加一个顾客到某个数据库表时，都检查其电话号码格式是否正确，州的缩写是否为大写；

❑ 每当订购一个产品时，都从库存数量中减去订购的数量；

❑ 无论何时删除一行，都在某个存档表中保留一个副本。

所有这些例子的共同之处是它们都需要在某个表发生更改时自动处理。这确切地说就是触发器。触发器是MySQL响应以下任意语句而自动执行的一条MySQL语句（或位于BEGIN和END语句之间的一组语句）：

241

❑ DELETE；

❑ INSERT；

❑ UPDATE。

其他MySQL语句不支持触发器。

25.2 创建触发器

在创建触发器时，需要给出4条信息：

❑ 唯一的触发器名；
❑ 触发器关联的表；
❑ 触发器应该响应的活动（DELETE、INSERT或UPDATE）；
❑ 触发器何时执行（处理之前或之后）。

 保持每个数据库的触发器名唯一 在MySQL 5中，触发器名必须在每个表中唯一，但不是在每个数据库中唯一。这表示同一数据库中的两个表可具有相同名字的触发器。这在其他每个数据库触发器名必须唯一的DBMS中是不允许的，而且以后的MySQL版本很可能会使命名规则更为严格。因此，现在最好是在数据库范围内使用唯一的触发器名。

触发器用CREATE TRIGGER语句创建。下面是一个简单的例子：

输入
```
CREATE TRIGGER newproduct AFTER INSERT ON products
FOR EACH ROW SELECT 'Product added';
```

分析 CREATE TRIGGER用来创建名为newproduct的新触发器。触发器可在一个操作发生之前或之后执行，这里给出了AFTER INSERT，所以此触发器将在INSERT语句成功执行后执行。这个触发器还指定FOR EACH ROW，因此代码对每个插入行执行。在这个例子中，文本Product added将对每个插入的行显示一次。

为了测试这个触发器，使用INSERT语句添加一行或多行到products中，你将看到对每个成功的插入，显示Product added消息。

 仅支持表 只有表才支持触发器，视图不支持（临时表也不支持）。

触发器按每个表每个事件每次地定义，每个表每个事件每次只允许一个触发器。因此，每个表最多支持6个触发器（每条INSERT、UPDATE和DELETE的之前和之后）。单一触发器不能与多个事件或多个表关联，所以，如果你需要一个对INSERT和UPDATE操作执行的触发器，则应该定义两个触发器。

> **触发器失败**　*如果BEFORE触发器失败，则MySQL将不执行请求的操作。此外，如果BEFORE触发器或语句本身失败，MySQL将不执行AFTER触发器（如果有的话）。*

25.3　删除触发器

现在，删除触发器的语法应该很明显了。为了删除一个触发器，可使用DROP TRIGGER语句，如下所示：

输入

```
DROP TRIGGER newproduct;
```

243

分析　触发器不能更新或覆盖。为了修改一个触发器，必须先删除它，然后再重新创建。

25.4　使用触发器

在有了前面的基础知识后，我们现在来看所支持的每种触发器类型以及它们的差别。

25.4.1　INSERT触发器

INSERT触发器在INSERT语句执行之前或之后执行。需要知道以下几点：

- 在INSERT触发器代码内，可引用一个名为NEW的虚拟表，访问被插入的行；
- 在BEFORE INSERT触发器中，NEW中的值也可以被更新（允许更改被插入的值）；
- 对于AUTO_INCREMENT列，NEW在INSERT执行之前包含0，在INSERT执行之后包含新的自动生成值。

下面举一个例子（一个实际有用的例子）。AUTO_INCREMENT列具有MySQL自动赋予的值。第21章建议了几种确定新生成值的方法，但下面是一种更好的方法：

输入
```
CREATE TRIGGER neworder AFTER INSERT ON orders
FOR EACH ROW SELECT NEW.order_num;
```

分析 此代码创建一个名为neworder的触发器，它按照AFTER INSERT ON orders执行。在插入一个新订单到orders表时，MySQL生成一个新订单号并保存到order_num中。触发器从NEW. order_num取得这个值并返回它。此触发器必须按照AFTER INSERT执行，因为在BEFORE INSERT语句执行之前，新order_num还没有生成。对于orders的每次插入使用这个触发器将总是返回新的订单号。

244

为测试这个触发器，试着插入一下新行，如下所示：

输入
```
INSERT INTO orders(order_date, cust_id)
VALUES(Now(), 10001);
```
输出
```
+-----------+
| order_num |
+-----------+
|     20010 |
+-----------+
```

分析 orders 包含 3 个列。order_date 和 cust_id 必须给出，order_num由MySQL自动生成，而现在order_num还自动被返回。

 BEFORE或AFTER? 通常，将BEFORE用于数据验证和净化（目的是保证插入表中的数据确实是需要的数据）。本提示也适用于UPDATE触发器。

25.4.2 DELETE触发器

DELETE触发器在DELETE语句执行之前或之后执行。需要知道以下两点：

❑ 在DELETE触发器代码内，你可以引用一个名为OLD的虚拟表，访问被删除的行；

❑ OLD中的值全都是只读的，不能更新。

245

下面的例子演示使用OLD保存将要被删除的行到一个存档表中：

输入
```
CREATE TRIGGER deleteorder BEFORE DELETE ON orders
FOR EACH ROW
BEGIN
    INSERT INTO archive_orders(order_num, order_date, cust_id)
    VALUES(OLD.order_num, OLD.order_date, OLD.cust_id);
END;
```

分析 在任意订单被删除前将执行此触发器。它使用一条INSERT语句将OLD中的值（要被删除的订单）保存到一个名为archive_orders的存档表中（为实际使用这个例子，你需要用与orders相同的列创建一个名为archive_orders的表）。

使用BEFORE DELETE触发器的优点（相对于AFTER DELETE触发器来说）为，如果由于某种原因，订单不能存档，DELETE本身将被放弃。

> **多语句触发器** 正如所见，触发器deleteorder使用BEGIN和END语句标记触发器体。这在此例子中并不是必需的，不过也没有害处。使用BEGIN END块的好处是触发器能容纳多条SQL语句（在BEGIN END块中一条挨着一条）。

25.4.3 UPDATE触发器

UPDATE触发器在UPDATE语句执行之前或之后执行。需要知道以下几点：

❑ 在UPDATE触发器代码中，你可以引用一个名为OLD的虚拟表访问以前（UPDATE语句前）的值，引用一个名为NEW的虚拟表访问新更新的值；

246

❑ 在BEFORE UPDATE触发器中，NEW中的值可能也被更新（允许更改将要用于UPDATE语句中的值）；

❑ OLD中的值全都是只读的，不能更新。

下面的例子保证州名缩写总是大写（不管UPDATE语句中给出的是大写还是小写）：

输入

```
CREATE TRIGGER updatevendor BEFORE UPDATE ON vendors
FOR EACH ROW SET NEW.vend_state = Upper(NEW.vend_state);
```

分析   显然，任何数据净化都需要在UPDATE语句之前进行，就像这个例子中一样。每次更新一个行时，NEW.vend_state中的值（将用来更新表行的值）都用Upper(NEW.vend_state)替换。

25.4.4   关于触发器的进一步介绍

在结束本章之前，我们再介绍一些使用触发器时需要记住的重点。

☐ 与其他DBMS相比，MySQL 5中支持的触发器相当初级。未来的MySQL版本中有一些改进和增强触发器支持的计划。

☐ 创建触发器可能需要特殊的安全访问权限，但是，触发器的执行是自动的。如果INSERT、UPDATE或DELETE语句能够执行，则相关的触发器也能执行。

☐ 应该用触发器来保证数据的一致性（大小写、格式等）。在触发器中执行这种类型的处理的优点是它总是进行这种处理，而且是透明地进行，与客户机应用无关。

☐ 触发器的一种非常有意义的使用是创建审计跟踪。使用触发器，把更改（如果需要，甚至还有之前和之后的状态）记录到另一个表非常容易。

☐ 遗憾的是，MySQL触发器中不支持CALL语句。这表示不能从触发器内调用存储过程。所需的存储过程代码需要复制到触发器内。

25.5   小结

本章介绍了什么是触发器以及为什么要使用触发器，学习了触发器的类型和何时执行它们，列举了几个用于INSERT、DELETE和UPDATE操作的触发器例子。

第 26 章

管理事务处理

本章介绍什么是事务处理以及如何利用COMMIT和ROLLBACK语句来管理事务处理。

26.1 事务处理

 并非所有引擎都支持事务处理 正如第21章所述，MySQL支持几种基本的数据库引擎。正如本章所述，并非所有引擎都支持明确的事务处理管理。MyISAM和InnoDB是两种最常使用的引擎。前者不支持明确的事务处理管理，而后者支持。这就是为什么本书中使用的样例表被创建来使用InnoDB而不是更经常使用的MyISAM的原因。如果你的应用中需要事务处理功能，则一定要使用正确的引擎类型。

事务处理（transaction processing）可以用来维护数据库的完整性，它保证成批的MySQL操作要么完全执行，要么完全不执行。

正如第15章所述，关系数据库设计把数据存储在多个表中，使数据更容易操纵、维护和重用。不用深究如何以及为什么进行关系数据库设计，在某种程度上说，设计良好的数据库模式都是关联的。

前面章中使用的orders表就是一个很好的例子。订单存储在orders和orderitems两个表中：orders存储实际的订单，而orderitems存储订购的各项物品。这两个表使用称为主键（参阅第1章）的唯一ID互相关联。这两个表又与包含客户和产品信息的其他表相关联。

给系统添加订单的过程如下。

(1) 检查数据库中是否存在相应的客户（从customers表查询），如果不存在，添加他/她。

(2) 检索客户的ID。

(3) 添加一行到orders表，把它与客户ID关联。

(4) 检索orders表中赋予的新订单ID。

(5) 对于订购的每个物品在orderitems表中添加一行，通过检索出来的ID把它与orders表关联（以及通过产品ID与products表关联）。

现在，假如由于某种数据库故障（如超出磁盘空间、安全限制、表锁等）阻止了这个过程的完成。数据库中的数据会出现什么情况？

如果故障发生在添加了客户之后，orders表添加之前，不会有什么问题。某些客户没有订单是完全合法的。在重新执行此过程时，所插入的客户记录将被检索和使用。可以有效地从出故障的地方开始执行此过程。

但是，如果故障发生在orders行添加之后，orderitems行添加之前，怎么办呢？现在，数据库中有一个空订单。

更糟的是，如果系统在添加orderitems行之中出现故障。结果是数据库中存在不完整的订单，而且你还不知道。

如何解决这种问题？这里就需要使用事务处理了。事务处理是一种机制，用来管理必须成批执行的MySQL操作，以保证数据库不包含不完整的操作结果。利用事务处理，可以保证一组操作不会中途停止，它们或者作为整体执行，或者完全不执行（除非明确指示）。如果没有错误发生，整组语句提交给（写到）数据库表。如果发生错误，则进行回退（撤销）以恢复数据库到某个已知且安全的状态。

因此，请看相同的例子，这次我们说明过程如何工作。

(1) 检查数据库中是否存在相应的客户，如果不存在，添加他/她。

(2) 提交客户信息。

(3) 检索客户的ID。

(4) 添加一行到orders表。

(5) 如果在添加行到orders表时出现故障，回退。

(6) 检索orders表中赋予的新订单ID。

(7) 对于订购的每项物品，添加新行到orderitems表。

(8) 如果在添加新行到orderitems时出现故障，回退所有添加的orderitems行和orders行。

(9) 提交订单信息。

在使用事务和事务处理时，有几个关键词汇反复出现。下面是关于事务处理需要知道的几个术语：

- ❑ **事务**（transaction）指一组SQL语句；
- ❑ **回退**（rollback）指撤销指定SQL语句的过程；
- ❑ **提交**（commit）指将未存储的SQL语句结果写入数据库表；
- ❑ **保留点**（savepoint）指事务处理中设置的临时占位符（placeholder），你可以对它发布回退（与回退整个事务处理不同）。

251

26.2　控制事务处理

既然我们已经知道了什么是事务处理，下面讨论事务处理的管理中所涉及的问题。

管理事务处理的关键在于将SQL语句组分解为逻辑块，并明确规定数据何时应该回退，何时不应该回退。

MySQL使用下面的语句来标识事务的开始：

```
START TRANSACTION
```

26.2.1　使用ROLLBACK

MySQL的ROLLBACK命令用来回退（撤销）MySQL语句，请看下面的语句：

```
SELECT * FROM ordertotals;
START TRANSACTION;
DELETE FROM ordertotals;
SELECT * FROM ordertotals;
```

```
ROLLBACK;
SELECT * FROM ordertotals;
```

分析 这个例子从显示ordertotals表（此表在第24章中填充）的内容开始。首先执行一条SELECT以显示该表不为空。然后开始一个事务处理，用一条DELETE语句删除ordertotals中的所有行。另一条SELECT语句验证ordertotals确实为空。这时用一条ROLLBACK语句回退START TRANSACTION之后的所有语句，最后一条SELECT语句显示该表不为空。

252 显然，ROLLBACK只能在一个事务处理内使用（在执行一条START TRANSACTION命令之后）。

> **哪些语句可以回退？** 事务处理用来管理INSERT、UPDATE和DELETE语句。你不能回退SELECT语句。（这样做也没有什么意义。）你不能回退CREATE或DROP操作。事务处理块中可以使用这两条语句，但如果你执行回退，它们不会被撤销。

26.2.2 使用COMMIT

一般的MySQL语句都是直接针对数据库表执行和编写的。这就是所谓的隐含提交（implicit commit），即提交（写或保存）操作是自动进行的。

但是，在事务处理块中，提交不会隐含地进行。为进行明确的提交，使用COMMIT语句，如下所示：

输入
```
START TRANSACTION;
DELETE FROM orderitems WHERE order_num = 20010;
DELETE FROM orders WHERE order_num = 20010;
COMMIT;
```

分析 在这个例子中，从系统中完全删除订单20010。因为涉及更新两个数据库表orders和orderitems，所以使用事务处理块来保证订单不被部分删除。最后的COMMIT语句仅在不出错时写出更改。如果第一条DELETE起作用，但第二条失败，则DELETE不会提交（实际上，它是被自动撤销的）。

隐含事务关闭 当COMMIT或ROLLBACK语句执行后，事务会自动关闭（将来的更改会隐含提交）。

253

26.2.3 使用保留点

简单的ROLLBACK和COMMIT语句就可以写入或撤销整个事务处理。但是，只是对简单的事务处理才能这样做，更复杂的事务处理可能需要部分提交或回退。

例如，前面描述的添加订单的过程为一个事务处理。如果发生错误，只需要返回到添加orders行之前即可，不需要回退到customers表（如果存在的话）。

为了支持回退部分事务处理，必须能在事务处理块中合适的位置放置占位符。这样，如果需要回退，可以回退到某个占位符。

这些占位符称为保留点。为了创建占位符，可如下使用SAVEPOINT语句：

 `SAVEPOINT delete1;`

每个保留点都取标识它的唯一名字，以便在回退时，MySQL知道要回退到何处。为了回退到本例给出的保留点，可如下进行：

 `ROLLBACK TO delete1;`

 保留点越多越好 可以在MySQL代码中设置任意多的保留点，越多越好。为什么呢？因为保留点越多，你就越能按自己的意愿灵活地进行回退。

 释放保留点 保留点在事务处理完成（执行一条ROLLBACK或COMMIT）后自动释放。自MySQL 5以来，也可以用RELEASE SAVEPOINT明确地释放保留点。

254

26.2.4 更改默认的提交行为

正如所述，默认的MySQL行为是自动提交所有更改。换句话说，任何时候你执行一条MySQL语句，该语句实际上都是针对表执行的，而且所做的更改立即生效。为指示MySQL不自动提交更改，需要使用以下语句：

输入

```
SET autocommit=0;
```

分析 autocommit标志决定是否自动提交更改，不管有没有COMMIT语句。设置autocommit为0（假）指示MySQL不自动提交更改（直到autocommit被设置为真为止）。

标志为连接专用 autocommit标志是针对每个连接而不是服务器的。

26.3 小结

本章介绍了事务处理是必须完整执行的SQL语句块。我们学习了如何使用COMMIT和ROLLBACK语句对何时写数据，何时撤销进行明确的管理。还学习了如何使用保留点对回退操作提供更强大的控制。

第27章

全球化和本地化

本章介绍MySQL处理不同字符集和语言的基础知识。

27.1 字符集和校对顺序

数据库表被用来存储和检索数据。不同的语言和字符集需要以不同的方式存储和检索。因此，MySQL需要适应不同的字符集（不同的字母和字符），适应不同的排序和检索数据的方法。

在讨论多种语言和字符集时，将会遇到以下重要术语：

❑ **字符集**为字母和符号的集合；
❑ **编码**为某个字符集成员的内部表示；
❑ **校对**为规定字符如何比较的指令。

校对为什么重要 排序英文正文很容易，对吗？或许不。考虑词APE、apex和Apple。它们处于正确的排序顺序吗？这有赖于你是否想区分大小写。使用区分大小写的校对顺序，这些词有一种排序方式，使用不区分大小写的校对顺序有另外一种排序方式。这不仅影响排序（如用ORDER BY排序数据），还影响搜索（例如，寻找apple的WHERE子句是否能找到APPLE）。在使用诸如法文à或德文ö这样的字符时，情况更复杂，在使用不基于拉丁文的字符集（日文、希伯来文、俄文等）时，情况更为复杂。

257

在MySQL的正常数据库活动（SELECT、INSERT等）中，不需要操心太

多的东西。使用何种字符集和校对的决定在服务器、数据库和表级进行。

27.2 使用字符集和校对顺序

MySQL支持众多的字符集。为查看所支持的字符集完整列表，使用以下语句：

输入
```
SHOW CHARACTER SET;
```

分析 这条语句显示所有可用的字符集以及每个字符集的描述和默认校对。

为了查看所支持校对的完整列表，使用以下语句：

输入
```
SHOW COLLATION;
```

分析 此语句显示所有可用的校对，以及它们适用的字符集。可以看到有的字符集具有不止一种校对。例如，latin1对不同的欧洲语言有几种校对，而且许多校对出现两次，一次区分大小写（由_cs表示），一次不区分大小写（由_ci表示）。

通常系统管理在安装时定义一个默认的字符集和校对。此外，也可以在创建数据库时，指定默认的字符集和校对。为了确定所用的字符集和校对，可以使用以下语句：

输入
```
SHOW VARIABLES LIKE 'character%';
SHOW VARIABLES LIKE 'collation%';
```

实际上，字符集很少是服务器范围（甚至数据库范围）的设置。不同的表，甚至不同的列都可能需要不同的字符集，而且两者都可以在创建表时指定。

为了给表指定字符集和校对，可使用带子句的CREATE TABLE（参见第21章）：

输入
```
CREATE TABLE mytable
(
    columnn1    INT,
    columnn2    VARCHAR(10)
) DEFAULT CHARACTER SET hebrew
  COLLATE hebrew_general_ci;
```

分析 此语句创建一个包含两列的表，并且指定一个字符集和一个校对顺序。

这个例子中指定了 CHARACTER SET 和 COLLATE 两者。一般，MySQL 如下确定使用什么样的字符集和校对。

❑ 如果指定 CHARACTER SET 和 COLLATE 两者，则使用这些值。
❑ 如果只指定 CHARACTER SET，则使用此字符集及其默认的校对（如 SHOW CHARACTER SET 的结果中所示）。
❑ 如果既不指定 CHARACTER SET，也不指定 COLLATE，则使用数据库默认。

259

除了能指定字符集和校对的表范围外，MySQL 还允许对每个列设置它们，如下所示：

```
CREATE TABLE mytable
(
    columnn1    INT,
    columnn2    VARCHAR(10),
    column3     VARCHAR(10) CHARACTER SET latin1 COLLATE
    ➥ latin1_general_ci
) DEFAULT CHARACTER SET hebrew
  COLLATE hebrew_general_ci;
```

 这里对整个表以及一个特定的列指定了 CHARACTER SET 和 COLLATE。

如前所述，校对在对用 ORDER BY 子句检索出来的数据排序时起重要的作用。如果你需要用与创建表时不同的校对顺序排序特定的 SELECT 语句，可以在 SELECT 语句自身中进行：

```
SELECT * FROM customers
ORDER BY lastname, firstname COLLATE latin1_general_cs;
```

 此 SELECT 使用 COLLATE 指定一个备用的校对顺序（在这个例子中，为区分大小写的校对）。这显然将会影响到结果排序的次序。

 临时区分大小写 上面的 SELECT 语句演示了在通常不区分大小写的表上进行区分大小写搜索的一种技术。当然，反过来也是可以的。

260

SELECT的其他COLLATE子句 除了这里看到的在ORDER BY子句中使用以外，COLLATE还可以用于GROUP BY、HAVING、聚集函数、别名等。

最后，值得注意的是，如果绝对需要，串可以在字符集之间进行转换。为此，使用Cast()或Convert()函数。

27.3 小结

本章中，我们学习了字符集和校对的基础知识，还学习了如何对特定的表和列定义字符集和校对，如何在需要时使用备用的校对。

第 28 章

安 全 管 理

数据库服务器通常包含关键的数据，确保这些数据的安全和完整需要利用访问控制。本章将学习MySQL的访问控制和用户管理。

28.1 访问控制

MySQL服务器的安全基础是：用户应该对他们需要的数据具有适当的访问权，既不能多也不能少。换句话说，用户不能对过多的数据具有过多的访问权。

考虑以下内容：

❑ 多数用户只需要对表进行读和写，但少数用户甚至需要能创建和删除表；

❑ 某些用户需要读表，但可能不需要更新表；

❑ 你可能想允许用户添加数据，但不允许他们删除数据；

❑ 某些用户（管理员）可能需要处理用户账号的权限，但多数用户不需要；

❑ 你可能想让用户通过存储过程访问数据，但不允许他们直接访问数据；

❑ 你可能想根据用户登录的地点限制对某些功能的访问。

这些都只是例子，但有助于说明一个重要的事实，即你需要给用户提供他们所需的访问权，且仅提供他们所需的访问权。这就是所谓的**访问控制**，管理访问控制需要创建和管理用户账号。

使用MySQL Administrator　MySQL Administrator（在第2章中描述）提供了一个图形用户界面，可用来管理用户及账号权限。MySQL Administrator在内部利用本章介绍的语句，使你能交互地、方便地管理访问控制。

回忆一下第3章的内容，我们知道，为了执行数据库操作，需要登录MySQL。MySQL创建一个名为root的用户账号，它对整个MySQL服务器具有完全的控制。你可能已经在本书各章的学习中使用root进行过登录，在对非现实的数据库试验MySQL时，这样做很好。不过在现实世界的日常工作中，决不能使用root。应该创建一系列的账号，有的用于管理，有的供用户使用，有的供开发人员使用，等等。

 防止无意的错误　重要的是注意到，访问控制的目的不仅仅是防止用户的恶意企图。数据梦魇更为常见的是无意识错误的结果，如错打MySQL语句，在不合适的数据库中操作或其他一些用户错误。通过保证用户不能执行他们不应该执行的语句，访问控制有助于避免这些情况的发生。

 不要使用root　应该严肃对待root登录的使用。仅在绝对需要时使用它（或许在你不能登录其他管理账号时使用）。不应该在日常的MySQL操作中使用root。

28.2　管理用户

MySQL用户账号和信息存储在名为mysql的MySQL数据库中。一般不需要直接访问mysql数据库和表（你稍后会明白这一点），但有时需要直接访问。需要直接访问它的时机之一是在需要获得所有用户账号列表时。为此，可使用以下代码：

输入
```
USE mysql;
SELECT user FROM user;
```

```
+------+
| user |
+------+
| root |
+------+
```

mysql数据库有一个名为user的表，它包含所有用户账号。user表有一个名为user的列，它存储用户登录名。新安装的服务器可能只有一个用户（如这里所示），过去建立的服务器可能具有很多用户。

> 💡 **用多个客户机进行试验** 试验对用户账号和权限进行更改的最好办法是打开多个数据库客户机(如mysql命令行实用程序的多个副本)，一个作为管理登录，其他作为被测试的用户登录。

28.2.1 创建用户账号

为了创建一个新用户账号，使用CREATE USER语句，如下所示：

输入

```
CREATE USER ben IDENTIFIED BY 'p@$$w0rd';
```

分析 CREATE USER创建一个新用户账号。在创建用户账号时不一定需要口令，不过这个例子用IDENTIFIED BY 'p@$$w0rd'给出了一个口令。

265

如果你再次列出用户账号，将会在输出中看到新账号。

> 💡 **指定散列口令** IDENTIFIED BY指定的口令为纯文本，MySQL将在保存到user表之前对其进行加密。为了作为散列值指定口令，使用IDENTIFIED BY PASSWORD。

> ✏️ **使用GRANT或INSERT** GRANT语句（稍后介绍）也可以创建用户账号，但一般来说CREATE USER是最清楚和最简单的句子。此外，也可以通过直接插入行到user表来增加用户，不过为安全起见，一般不建议这样做。MySQL用来存储用户账号信息的表（以及表模式等）极为重要，对它们的任何毁坏都可能严

重地伤害到MySQL服务器。因此，相对于直接处理来说，最好是用标记和函数来处理这些表。

为重新命名一个用户账号，使用RENAME USER语句，如下所示：

 输入

```
RENAME USER ben TO bforta;
```

> **MySQL 5之前** 仅MySQL 5或之后的版本支持RENAME USER。为了在以前的MySQL中重命名一个用户，可使用UPDATE直接更新user表。

28.2.2 删除用户账号

为了删除一个用户账号（以及相关的权限），使用DROP USER语句，如下所示：

266

 输入

```
DROP USER bforta;
```

> **MySQL 5之前** 自MySQL 5以来，DROP USER删除用户账号和所有相关的账号权限。在MySQL 5以前，DROP USER只能用来删除用户账号，不能删除相关的权限。因此，如果使用旧版本的MySQL，需要先用REVOKE删除与账号相关的权限，然后再用DROP USER删除账号。

28.2.3 设置访问权限

在创建用户账号后，必须接着分配访问权限。新创建的用户账号没有访问权限。它们能登录MySQL，但不能看到数据，不能执行任何数据库操作。

为看到赋予用户账号的权限，使用SHOW GRANTS FOR，如下所示：

输入

```
SHOW GRANTS FOR bforta;
```

输出

```
+--------------------------------------------------+
| Grants for bforta@%                              |
+--------------------------------------------------+
| GRANT USAGE ON *.* TO 'bforta'@'%'               |
+--------------------------------------------------+
```

分析 输出结果显示用户bforta有一个权限USAGE ON *.*。USAGE表示根本没有权限（我知道，这不很直观），所以，此结果表示在任意数据库和任意表上对任何东西没有权限。

✐ **用户定义为user@host** MySQL的权限用用户名和主机名结合定义。如果不指定主机名，则使用默认的主机名%（授予用户访问权限而不管主机名）。

267

为设置权限，使用GRANT语句。GRANT要求你至少给出以下信息：

❑ 要授予的权限；
❑ 被授予访问权限的数据库或表；
❑ 用户名。

以下例子给出GRANT的用法：

 输入
```
GRANT SELECT ON crashcourse.* TO bforta;
```

分析 此GRANT允许用户在crashcourse.*（crashcourse数据库的所有表）上使用SELECT。通过只授予SELECT访问权限，用户bforta对crashcourse数据库中的所有数据具有只读访问权限。

SHOW GRANTS反映这个更改：

输入
```
SHOW GRANTS FOR bforta;
```

输出
```
+--------------------------------------------------+
| Grants for bforta@%                              |
+--------------------------------------------------+
| GRANT USAGE ON *.* TO 'bforta'@'%'               |
| GRANT SELECT ON 'crashcourse'.* TO 'bforta'@'%'  |
+--------------------------------------------------+
```

分析 每个GRANT添加（或更新）用户的一个权限。MySQL读取所有授权，并根据它们确定权限。

GRANT的反操作为REVOKE，用它来撤销特定的权限。下面举一个例子：

输入
```
REVOKE SELECT ON crashcourse.* FROM bforta;
```

268

分析 这条REVOKE语句取消刚赋予用户bforta的SELECT访问权限。被撤销的访问权限必须存在，否则会出错。

GRANT和REVOKE可在几个层次上控制访问权限:

□ 整个服务器,使用GRANT ALL和REVOKE ALL;
□ 整个数据库,使用ON database.*;
□ 特定的表,使用ON database.table;
□ 特定的列;
□ 特定的存储过程。

表28-1列出可以授予或撤销的每个权限。

表28-1 权限

权 限	说 明
ALL	除GRANT OPTION外的所有权限
ALTER	使用ALTER TABLE
ALTER ROUTINE	使用ALTER PROCEDURE和DROP PROCEDURE
CREATE	使用CREATE TABLE
CREATE ROUTINE	使用CREATE PROCEDURE
CREATE TEMPORARY TABLES	使用CREATE TEMPORARY TABLE
CREATE USER	使用CREATE USER、DROP USER、RENAME USER和REVOKE ALL PRIVILEGES
CREATE VIEW	使用CREATE VIEW
DELETE	使用DELETE
DROP	使用DROP TABLE
EXECUTE	使用CALL和存储过程
FILE	使用SELECT INTO OUTFILE和LOAD DATA INFILE
GRANT OPTION	使用GRANT和REVOKE
INDEX	使用CREATE INDEX和DROP INDEX
INSERT	使用INSERT
LOCK TABLES	使用LOCK TABLES
PROCESS	使用SHOW FULL PROCESSLIST
RELOAD	使用FLUSH
REPLICATION CLIENT	服务器位置的访问
REPLICATION SLAVE	由复制从属使用

（续）

权　限	说　明
SELECT	使用SELECT
SHOW DATABASES	使用SHOW DATABASES
SHOW VIEW	使用SHOW CREATE VIEW
SHUTDOWN	使用mysqladmin shutdown（用来关闭MySQL）
SUPER	使用CHANGE MASTER、KILL、LOGS、PURGE、MASTER和SET GLOBAL。还允许mysqladmin调试登录
UPDATE	使用UPDATE
USAGE	无访问权限

使用GRANT和REVOKE，再结合表28-1中列出的权限，你能对用户可以就你的宝贵数据做什么事情和不能做什么事情具有完全的控制。

未来的授权　在使用GRANT和REVOKE时，用户账号必须存在，但对所涉及的对象没有这个要求。这允许管理员在创建数据库和表之前设计和实现安全措施。

这样做的副作用是，当某个数据库或表被删除时（用DROP语句），相关的访问权限仍然存在。而且，如果将来重新创建该数据库或表，这些权限仍然起作用。

270

简化多次授权　可通过列出各权限并用逗号分隔，将多条GRANT语句串在一起，如下所示：

```
GRANT SELECT, INSERT ON crashcourse.* TO bforta;
```

28.2.4　更改口令

为了更改用户口令，可使用SET PASSWORD语句。新口令必须如下加密：

```
SET PASSWORD FOR bforta = Password('n3w p@$$w0rd');
```

分析　SET PASSWORD更新用户口令。新口令必须传递到Password()函数进行加密。

SET PASSWORD还可以用来设置你自己的口令：

输入 SET PASSWORD = Password('n3w p@$$w0rd');

分析 在不指定用户名时，SET PASSWORD更新当前登录用户的口令。

28.3 小结

本章学习了通过赋予用户特殊的权限进行访问控制和保护MySQL服务器。

271

第29章

数据库维护

本章学习如何进行常见的数据库维护。

29.1　备份数据

像所有数据一样，MySQL的数据也必须经常备份。由于MySQL数据库是基于磁盘的文件，普通的备份系统和例程就能备份MySQL的数据。但是，由于这些文件总是处于打开和使用状态，普通的文件副本备份不一定总是有效。

下面列出这个问题的可能解决方案。

- ❑ 使用命令行实用程序**mysqldump**转储所有数据库内容到某个外部文件。在进行常规备份前这个实用程序应该正常运行，以便能正确地备份转储文件。
- ❑ 可用命令行实用程序**mysqlhotcopy**从一个数据库复制所有数据（并非所有数据库引擎都支持这个实用程序）。
- ❑ 可以使用MySQL的**BACKUP TABLE**或**SELECT INTO OUTFILE**转储所有数据到某个外部文件。这两条语句都接受将要创建的系统文件名，此系统文件必须不存在，否则会出错。数据可以用**RESTORE TABLE**来复原。

 首先刷新未写数据　为了保证所有数据被写到磁盘（包括索引数据），可能需要在进行备份前使用FLUSH TABLES语句。

29.2 进行数据库维护

MySQL提供了一系列的语句，可以（应该）用来保证数据库正确和正常运行。

以下是你应该知道的一些语句。

❑ ANALYZE TABLE，用来检查表键是否正确。ANALYZE TABLE返回如下所示的状态信息：

输入 ▌ **输出**

```
ANALYZE TABLE orders;
+-------------------+---------+----------+----------+
| Table             | Op      | Msg_type | Msg_text |
+-------------------+---------+----------+----------+
| crashcourse.orders | analyze | status   | OK       |
+-------------------+---------+----------+----------+
```

❑ CHECK TABLE用来针对许多问题对表进行检查。在MyISAM表上还对索引进行检查。CHECK TABLE支持一系列的用于MyISAM表的方式。CHANGED检查自最后一次检查以来改动过的表。EXTENDED执行最彻底的检查，FAST只检查未正常关闭的表，MEDIUM检查所有被删除的链接并进行键检验，QUICK只进行快速扫描。如下所示，CHECK TABLE发现和修复问题：

输入

```
CHECK TABLE orders, orderitems;
```

输出

```
+-----------------------+-------+----------+----------------------+
| Table                 | Op    | Msg_type | Msg_text             |
+-----------------------+-------+----------+----------------------+
| crashcourse.orders    | check | status   | OK                   |
| crashcourse.orderitems | check | warning  | Table is marked as   |
|                       |       |          | crashed              |
| crashcourse.orderitems | check | status   | OK                   |
+-----------------------+-------+----------+----------------------+
```

❑ 如果MyISAM表访问产生不正确和不一致的结果，可能需要用REPAIR TABLE来修复相应的表。这条语句不应该经常使用，如果需要经常使用，可能会有更大的问题要解决。

❑ 如果从一个表中删除大量数据，应该使用OPTIMIZE TABLE来收回所用的空间，从而优化表的性能。

29.3 诊断启动问题

服务器启动问题通常在对MySQL配置或服务器本身进行更改时出现。MySQL在这个问题发生时报告错误，但由于多数MySQL服务器是作为系统进程或服务自动启动的，这些消息可能看不到。

在排除系统启动问题时，首先应该尽量用手动启动服务器。MySQL服务器自身通过在命令行上执行mysqld启动。下面是几个重要的mysqld命令行选项：

- ❏ --help显示帮助——一个选项列表；
- ❏ --safe-mode装载减去某些最佳配置的服务器；
- ❏ --verbose显示全文本消息（为获得更详细的帮助消息与--help联合使用）；
- ❏ --version显示版本信息然后退出。

几个另外的命令行选项（与日志文件的使用有关）在下一节列出。

29.4 查看日志文件

MySQL维护管理员依赖的一系列日志文件。主要的日志文件有以下几种。

275

- ❏ 错误日志。它包含启动和关闭问题以及任意关键错误的细节。此日志通常名为hostname.err，位于data目录中。此日志名可用--log-error命令行选项更改。
- ❏ 查询日志。它记录所有MySQL活动，在诊断问题时非常有用。此日志文件可能会很快地变得非常大，因此不应该长期使用它。此日志通常名为hostname.log，位于data目录中。此名字可以用--log命令行选项更改。
- ❏ 二进制日志。它记录更新过数据（或者可能更新过数据）的所有语句。此日志通常名为hostname-bin，位于data目录内。此名字可以用--log-bin命令行选项更改。注意，这个日志文件是MySQL 5

中添加的，以前的MySQL版本中使用的是更新日志。

❑ 缓慢查询日志。顾名思义，此日志记录执行缓慢的任何查询。这个日志在确定数据库何处需要优化很有用。此日志通常名为 hostname-slow.log，位于 data 目录中。此名字可以用 --log-slow-queries命令行选项更改。

在使用日志时，可用FLUSH LOGS语句来刷新和重新开始所有日志文件。

29.5   小结

本章介绍了MySQL数据库的某些维护工具和技术。

第30章

改 善 性 能

本章将复习与MySQL性能有关的某些要点。

30.1 改善性能

数据库管理员把他们生命中的相当一部分时间花在了调整、试验以改善DBMS性能之上。在诊断应用的滞缓现象和性能问题时，性能不良的数据库（以及数据库查询）通常是最常见的祸因。

可以看出，下面的内容并不能完全决定MySQL的性能。我们只是想回顾一下前面各章的重点，提供进行性能优化探讨和分析的一个出发点。

❑ 首先，MySQL（与所有DBMS一样）具有特定的硬件建议。在学习和研究MySQL时，使用任何旧的计算机作为服务器都可以。但对用于生产的服务器来说，应该坚持遵循这些硬件建议。

❑ 一般来说，关键的生产DBMS应该运行在自己的专用服务器上。

❑ MySQL是用一系列的默认设置预先配置的，这些设置开始通常是很好的。但过一段时间后你可能需要调整内存分配、缓冲区大小等。（为查看当前设置，可使用SHOW VARIABLES;和SHOW STATUS;。）

❑ MySQL是一个多用户多线程的DBMS，换言之，它经常同时执行多个任务。如果这些任务中的某一个执行缓慢，则所有请求都会执行缓慢。如果你遇到显著的性能不良，可使用SHOW PROCESSLIST显示所有活动进程（以及它们的线程ID和执行时间）。你还可以用

KILL命令终结某个特定的进程（使用这个命令需要作为管理员登录）。

❑ 总是有不止一种方法编写同一条SELECT语句。应该试验联结、并、子查询等，找出最佳的方法。

❑ 使用EXPLAIN语句让MySQL解释它将如何执行一条SELECT语句。

❑ 一般来说，存储过程执行得比一条一条地执行其中的各条MySQL语句快。

❑ 应该总是使用正确的数据类型。

❑ 决不要检索比需求还要多的数据。换言之，不要用SELECT *（除非你真正需要每个列）。

❑ 有的操作（包括INSERT）支持一个可选的DELAYED关键字，如果使用它，将把控制立即返回给调用程序，并且一旦有可能就实际执行该操作。

❑ 在导入数据时，应该关闭自动提交。你可能还想删除索引（包括FULLTEXT索引），然后在导入完成后再重建它们。

❑ 必须索引数据库表以改善数据检索的性能。确定索引什么不是一件微不足道的任务，需要分析使用的SELECT语句以找出重复的WHERE和ORDER BY子句。如果一个简单的WHERE子句返回结果所花的时间太长，则可以断定其中使用的列（或几个列）就是需要索引的对象。

❑ 你的SELECT语句中有一系列复杂的OR条件吗？通过使用多条SELECT语句和连接它们的UNION语句，你能看到极大的性能改进。

❑ 索引改善数据检索的性能，但损害数据插入、删除和更新的性能。如果你有一些表，它们收集数据且不经常被搜索，则在有必要之前不要索引它们。（索引可根据需要添加和删除。）

❑ LIKE很慢。一般来说，最好是使用FULLTEXT而不是LIKE。

❑ 数据库是不断变化的实体。一组优化良好的表一会儿后可能就面目全非了。由于表的使用和内容的更改，理想的优化和配置也会改变。

❑ 最重要的规则就是，每条规则在某些条件下都会被打破。

浏览文档 位于http://dev.mysql.com/doc/的MySQL文档有许多提示和技巧（甚至有用户提供的评论和反馈）。一定要查看这些非常有价值的资料。

30.2 小结

本章回顾了与MySQL性能有关的某些提示和说明。当然，这只是一小部分，不过，既然你已经完成了本书的学习，你应该能试验和掌握自己觉得最适合的内容。

279

附录 A

MySQL入门

如果你是MySQL的初学者，本附录是一些需要知道的基本知识。

A.1 你需要什么

为使用MySQL和学习本书中各章的内容，你需要访问MySQL服务器和客户机应用（用来访问服务器的软件）副本。

你不一定需要自己安装MySQL副本，但需要访问服务器。基本上有下面两种选择。

- ❏ 访问一个已有的MySQL服务器，或许是你的公司或许是商用的或院校的服务器。为使用这个服务器，你需要得到一个服务器账号（一个登录名和一个口令）。
- ❏ 下载MySQL服务器的一个免费副本，安装在你自己的计算机上（MySQL运行在所有主要的平台上，包括Windows、Linux、Solaris、Mac OSX等）。

 如果条件允许，安装一个本地服务器 为了得到完全的控制，包括访问你使用别人的MySQL服务器可能得不到授权的命令和特性，你应该安装自己的本地服务器。即使你的最终生产DBMS不使用你自己的服务器，你也能从对服务器必须提供的所有功能具有完全的无约束的访问中受益。

不管是否使用本地服务器，你都需要客户机软件（用来实际运行MySQL命令的程序）。最容易得到的客户机软件是mysql命令行实用程序

（它包含在每个MySQL安装中）。另外两个重要实用程序是MySQL Adiminstrator和MySQL Query Browser。

A.2　获得软件

为了学习更多的MySQL知识，请访问http://dev.mysql.com/。

为了下载服务器的一个副本，请访问http://dev.mysql.com/downloads/。为学习本书中的知识，建议下载和安装MySQL 5（或之后的版本）。具体的下载随平台的不同而不同，但它有清晰的解释。

MySQL Adiminstrator和MySQL Query Browser不作为MySQL的核心部分安装，必须从http://dev.mysql.com/downloads/下载。

A.3　安装软件

如果你要安装一个本地MySQL服务器，应该在安装可选的MySQL实用程序之前进行。安装过程随平台不同而不同，但所有安装都会提示你输入需要的信息，包括：

- ❏ 安装位置（通常用默认位置就行了）；
- ❏ root用户的口令；
- ❏ 端口、服务或进程名等，一般来说，如果你不确定要指定什么，可使用默认值。

 多个MySQL服务器　多个MySQL服务器的副本可安装在单台机器上，只要每个服务器使用不同的端口即可。

282

A.4　各章准备

第3章说明在安装了MySQL后如何登录和退出服务器，如何执行命令。

本书各章将使用真实的MySQL语句和真实的数据。附录B描述了本书中使用的样例表，说明了如何获得和使用表创建和填充的脚本。

283

附录 B

样 例 表

本附录简要描述本书中所用的表及它们的用途。

编写SQL语句需要对基础数据库的设计有良好的理解。不知道什么信息存储在什么表中，表之间如何相互关联以及行内数据如何分解，是不可能编写出高效的SQL的。

建议你实际试验本书中每章的每个例子。各章都使用相同的一组数据文件。为帮助你更好地理解这些例子和掌握各章介绍的内容，本附录描述了所用的表、表之间的关系以及如何获得它们。

B.1 样例表

本书中使用的样例表为一个想象的随身物品推销商使用的订单录入系统，这些随身物品可能是你喜欢的卡通人物需要的（是的，卡通人物，没人规定学习MySQL必须沉闷地学）。这些表用来完成以下几个任务：

- ❏ 管理供应商；
- ❏ 管理产品目录；
- ❏ 管理顾客列表；
- ❏ 录入顾客订单。

要完成这几个任务需要作为关系数据库设计成分的紧密联系的6个表。以下几节描述各个表。

> **简化的例子**　这里使用的表并不完整。现实中的订单录入系统必须记录这里没有包含的大量其他数据（如，报酬和记账信息、发货跟踪信息等）。不过，这些表演示了你在多数安装中会遇到的各种数据的组织和关系。你可以把这些方法和技术应用到自己的数据库中。

表的描述

以下介绍6个表以及每个表中的列。

> **表的列出顺序**　6个表之所以要用这里的次序列出是因为它们之间的依赖关系。因为products表依赖于vendors表，所以先列出vendors，其他表的列出也有类似的关系。

vendors表

vendors表存储销售产品的供应商。每个供应商在这个表中有一个记录，供应商ID（vend_id）列用来匹配产品和供应商。

表B-1　vendors表的列

列	说　明
vend_id	唯一的供应商ID
vend_name	供应商名
vend_address	供应商的地址
vend_city	供应商的城市
vend_state	供应商的州
vend_zip	供应商的邮政编码
vend_country	供应商的国家

❑ 所有表都应该有主键。这个表使用vend_id作为主键。vend_id为一个自动增量字段。

products表

products表包含产品目录，每行一个产品。每个产品有唯一的ID（prod_id列），通过vend_id（供应商的唯一ID）关联到它的供应商。

表B-2　products表的列

列	说　明
prod_id	唯一的产品ID
vend_id	产品供应商ID（关联到vendors表中的vend_id）
prod_name	产品名
prod_price	产品价格
prod_desc	产品描述

❑ 所有表都应该有一个主键，这个表用prod_id作为其主键。
❑ 为实施引用完整性，应该在vend_id上定义一个外键，关联到 vendors的vend_id。

customers表

customers表存储所有顾客的信息。每个顾客有唯一的ID（cust_id 列）。

表B-3　customers表的列

列	说　明
cust_id	唯一的顾客ID
cust_name	顾客名
cust_address	顾客的地址
cust_city	顾客的城市
cust_state	顾客的州
cust_zip	顾客的邮政编码
cust_country	顾客的国家
cust_contact	顾客的联系名
cust_email	顾客的联系email地址

❑ 所有表都应该定义主键，这个表将使用cust_id作为它的主键。 cust_id是一个自动增量字段。

orders表

orders表存储顾客订单（但不是订单细节）。每个订单唯一地编号 （order_num列）。订单用cust_id列（它关联到customer表的顾客唯一ID） 与相应的顾客关联。

表B-4 orders表的列

列	说　明
order_num	唯一订单号
order_date	订单日期
cust_id	订单顾客ID（关系到customers表的cust_id）

288

- 所有表都应该定义主键，这个表使用order_num作为它的主键。order_num是一个自动增量字段。
- 为实施引用完整性，应该在cust_id上定义一个外键，关联到customers的cust_id。

orderitems表

orderitems表存储每个订单中的实际物品，每个订单的每个物品占一行。对orders中的每一行，orderitems中有一行或多行。每个订单物品由订单号加订单物品（第一个物品、第二个物品等）唯一标识。订单物品通过order_num列（关联到orders中订单的唯一ID）与它们相应的订单相关联。此外，每个订单项包含订单物品的产品ID（它关联物品到products表）。

表B-5 orderitems表的列

列	说　明
order_num	订单号（关联到orders表的order_num）
order_item	订单物品号（在某个订单中的顺序）
prod_id	产品ID（关联到products表的prod_id）
quantity	物品数量
item_price	物品价格

- 所有表都应该有主键，这个表使用order_num和order_item作为其主键。
- 为实施引用完整性，应该在order_num上定义外键，关联它到orders的order_num，在prod_id上定义外键，关联它到products的prod_id。

289

productnotes表

productnotes表存储与特定产品有关的注释。并非所有产品都有相关的注释，而有的产品可能有许多相关的注释。

表B-6 productnotes表的列

列	说　　明
note_id	唯一注释ID
prod_id	产品ID（对应于products表中的prod_id）
note_date	增加注释的日期
note_text	注释文本

□ 所有表都应该有主键，这个表应该使用note_id作为其主键。

□ 列note_text必须为FULLTEXT搜索进行索引。

□ 由于这个表使用全文本搜索，因此必须指定ENGINE=MyISAM。

B.2 创建样例表

为了学习各个例子，需要一组填充了数据的表。所需要获得和运行的一切东西都可以在http://www.forta.com/books/0672327120/上找到。

此网页包含两个可以下载的SQL脚本文件。

□ create.sql包含创建6个数据库表（包括所有主键和外键约束）的MySQL语句。

290

□ populate.sql包含用来填充这些表的INSERT语句。

> **仅对于MySQL**　可下载的.sql文件中的SQL语句是DBMS专用的，它们仅用于MySQL。
>
> 这两个脚本用MySQL 4.1和MySQL 5进行了广泛的测试，但没有用更早的MySQL版本进行测试。

在下载了脚本后，可用它们创建和填充本书各章所用的表。以下是要遵循的步骤。

(1) 创建一个新数据源（为安全考虑，不要使用已有的数据源）。最简单的办法是使用MySQL Administrator（第2章中描述）。

(2) 保证选择新数据源（如果使用mysql命令行实用程序，用USE命令；如果使用MySQL Query Browser，则直接选择相应的数据源）。

(3) 执行create.sql脚本。如果使用mysql命令行实用程序，可给出source create.sql;（指定create.sql文件的完全路径）。如果使用MySQL Query Browser，选择File, Open Script, create.sql，然后单击Execute按钮。

(4) 重复前面的步骤，用populate.sql文件填充各个新表。

这样之后就做好了准备。

 创建，然后填充 必须在运行表填充脚本之前运行表创建脚本。一定要查看这些脚本返回的错误消息。如果创建脚本失败，则在进行表填充之前需要解决可能存在的问题。

291

附录 C

MySQL语句的语法

为帮助读者在需要时找到相应语句的语法，本附录列出了最常使用的MySQL语句的语法。每条语句以简要的描述开始，然后给出它的语法。为增加方便性，还给出对讲授相应语句的章的交叉引用。

在阅读语句语法时，应该记住以下约定。

❏ |符号用来指出几个选择中的一个，因此，NULL | NOT NULL表示或者给出NULL或者给出NOT NULL。

❏ 包含在方括号中的关键字或子句（如[like this]）是可选的。

❏ 既没有列出所有的MySQL语句，也没有列出每一条子句和选项。

C.1 ALTER TABLE

ALTER TABLE用来更新已存在表的模式。为了创建新表，应该使用CREATE TABLE。详细信息请参阅第21章。

输入

```
ALTER TABLE tablename
(
    ADD      column            datatype   [NULL|NOT NULL]   [CONSTRAINTS],
    CHANGE   column columns     datatype   [NULL|NOT NULL]   [CONSTRAINTS],
    DROP     column,
    ...
);
```

C.2 COMMIT

COMMIT用来将事务处理写到数据库。详细信息请参阅第26章。

输入 `COMMIT;`

C.3 CREATE INDEX

CREATE INDEX用于在一个或多个列上创建索引。详细请参阅第21章。

输入
```
CREATE INDEX indexname
ON tablename (column [ASC|DESC], ...);
```

C.4 CREATE PROCEDURE

CREATE PROCEDURE用于创建存储过程。详细信息请参阅第23章。

输入
```
CREATE PROCEDURE procedurename( [parameters] )
BEGIN
...
END;
```

C.5 CREATE TABLE

CREATE TABLE用于创建新数据库表。为更新已经存在的表的结构，使用ALTER TABLE。详细信息请参阅第21章。

输入
```
CREATE TABLE tablename
(
        column    datatype    [NULL|NOT NULL]    [CONSTRAINTS],
        column    datatype    [NULL|NOT NULL]    [CONSTRAINTS],
        ...
);
```

294

C.6 CREATE USER

CREATE USER 用于向系统中添加新的用户账户。详细信息请参阅第28章。

输入
```
CREATE USER username[@hostname]
[IDENTIFIED BY [PASSWORD] 'password'];
```

C.7 CREATE VIEW

CREATE VIEW用来创建一个或多个表上的新视图。详细信息请参阅

第22章。

```
CREATE [OR REPLACE] VIEW viewname
AS
SELECT ...;
```

C.8 DELETE

DELETE从表中删除一行或多行。详细信息请参阅第20章。

```
DELETE FROM tablename
[WHERE ...];
```

C.9 DROP

DROP永久地删除数据库对象（表、视图、索引等）。详细信息请参阅第21、22、23和第24章。

```
DROP DATABASE|INDEX|PROCEDURE|TABLE|TRIGGER|USER|VIEW
    itemname;
```

C.10 INSERT

INSERT给表增加一行。详细信息请参阅第19章。

```
INSERT INTO tablename [(columns, ...)]
VALUES(values, ...);
```

C.11 INSERT SELECT

INSERT SELECT插入SELECT的结果到一个表。详细信息请参阅第19章。

```
INSERT INTO tablename [(columns, ...)]
SELECT columns, ... FROM tablename, ...
[WHERE ...];
```

C.12 ROLLBACK

ROLLBACK用于撤销一个事务处理块。详细信息请参阅第26章。

```
ROLLBACK [ TO savepointname];
```

C.13　SAVEPOINT

SAVEPOINT为使用ROLLBACK语句设立保留点。详细信息请参阅第26章。

 SAVEPOINT sp1;

C.14　SELECT

SELECT用于从一个或多个表（视图）中检索数据。更多的基本信息，请参阅第4、5和第6章（第4～17章都与SELECT有关）。

```
SELECT columnname, ...
FROM tablename, ...
[WHERE ...]
[UNION ...]
[GROUP BY ...]
[HAVING ...]
[ORDER BY ...];
```

C.15　START TRANSACTION

START TRANSACTION表示一个新的事务处理块的开始。详细信息请参阅第26章。

```
START TRANSACTION;
```

C.16　UPDATE

UPDATE更新表中一行或多行。详细信息请参阅第20章。

```
UPDATE tablename
SET columnname = value, ...
[WHERE ...];
```

附录 D

MySQL数据类型

本附录介绍了MySQL中不同的数据类型。

正如第1章所述，数据类型是定义列中可以存储什么数据以及该数据实际怎样存储的基本规则。

数据类型用于以下目的。

- ❑ 数据类型允许限制可存储在列中的数据。例如，数值数据类型列只能接受数值。
- ❑ 数据类型允许在内部更有效地存储数据。可以用一种比文本串更简洁的格式存储数值和日期时间值。
- ❑ 数据类型允许变换排序顺序。如果所有数据都作为串处理，则1位于10之前，而10又位于2之前（串以字典顺序排序，从左边开始比较，一次一个字符）。作为数值数据类型，数值才能正确排序。

在设计表时，应该特别重视所用的数据类型。使用错误的数据类型可能会严重地影响应用程序的功能和性能。更改包含数据的列不是一件小事（而且这样做可能会导致数据丢失）。

本附录虽然不是关于数据类型及其如何使用的一个完整的教材，但介绍了MySQL主要的数据类型和用途。

D.1 串数据类型

最常用的数据类型是串数据类型。它们存储串，如名字、地址、电话号码、邮政编码等。有两种基本的串类型，分别为定长串和变长串（参见表D-1）。

定长串接受长度固定的字符串，其长度是在创建表时指定的。例如，名字列可允许30个字符，而社会安全号列允许11个字符（允许的字符数目中包括两个破折号）。定长列不允许多于指定的字符数目。它们分配的存储空间与指定的一样多。因此，如果串Ben存储到30个字符的名字字段，则存储的是30个字符，CHAR属于定长串类型。

变长串存储可变长度的文本。有些变长数据类型具有最大的定长，而有些则是完全变长的。不管是哪种，只有指定的数据得到保存（额外的数据不保存）TEXT属于变长串类型。

既然变长数据类型这样灵活，为什么还要使用定长数据类型？回答是因为性能。MySQL处理定长列远比处理变长列快得多。此外，MySQL不允许对变长列（或一个列的可变部分）进行索引。这也会极大地影响性能。

表D-1　串数据类型

数据类型	说　明
CHAR	1～255个字符的定长串。它的长度必须在创建时指定，否则MySQL假定为CHAR(1)
ENUM	接受最多64 K个串组成的一个预定义集合的某个串
LONGTEXT	与TEXT相同，但最大长度为4 GB
MEDIUMTEXT	与TEXT相同，但最大长度为16 K
SET	接受最多64个串组成的一个预定义集合的零个或多个串
TEXT	最大长度为64 K的变长文本
TINYTEXT	与TEXT相同，但最大长度为255字节
VARCHAR	长度可变，最多不超过255字节。如果在创建时指定为VARCHAR(n)，则可存储0到n个字符的变长串（其中n≤255）

300

使用引号　不管使用何种形式的串数据类型，串值都必须括在引号内（通常单引号更好）。

当数值不是数值时　你可能会认为电话号码和邮政编码应该存储在数值字段中（数值字段只存储数值数据），但是，这样做却是不可取的。如果在数值字段中存储邮政编码01234，则保存的将是数值1234，实际上丢失了一位数字。

> 需要遵守的基本规则是：如果数值是计算（求和、平均等）中使用的数值，则应该存储在数值数据类型列中。如果作为字符串（可能只包含数字）使用，则应该保存在串数据类型列中。

D.2　数值数据类型

数值数据类型存储数值。MySQL支持多种数值数据类型，每种存储的数值具有不同的取值范围。显然，支持的取值范围越大，所需存储空间越多。此外，有的数值数据类型支持使用十进制小数点（和小数），而有的则只支持整数。表D-2列出了常用的MySQL数值数据类型。

 有符号或无符号　所有数值数据类型（除BIT和BOOLEAN外）都可以有符号或无符号。有符号数值列可以存储正或负的数值，无符号数值列只能存储正数。默认情况为有符号，但如果你知道自己不需要存储负值，可以使用UNSIGNED关键字，这样做将允许你存储两倍大小的值。

表D-2　数值数据类型

数据类型	说　明
BIT	位字段，1～64位。（在MySQL 5之前，BIT在功能上等价于TINYINT
BIGINT	整数值，支持−9223372036854775808～9223372036854775807（如果是UNSIGNED，为0～18446744073709551615）的数
BOOLEAN（或BOOL）	布尔标志，或者为0或者为1，主要用于开/关（on/off）标志
DECIMAL（或DEC）	精度可变的浮点值
DOUBLE	双精度浮点值
FLOAT	单精度浮点值
INT（或INTEGER）	整数值，支持−2147483648～2147483647（如果是UNSIGNED，为0～4294967295）的数
MEDIUMINT	整数值，支持−8388608～8388607（如果是UNSIGNED，为0～16777215）的数
REAL	4字节的浮点值
SMALLINT	整数值，支持−32768～32767（如果是UNSIGNED，为0～65535）的数
TINYINT	整数值，支持−128～127（如果为UNSIGNED，为0～255）的数

不使用引号　与串不一样，数值不应该括在引号内。

 存储货币数据类型　MySQL中没有专门存储货币的数据类型，一般情况下使用DECIMAL(8, 2)

D.3　日期和时间数据类型

MySQL使用专门的数据类型来存储日期和时间值（见表D-3）。

表D-3　日期和时间数据类型

数据类型	说　　明
DATE	表示1000-01-01～9999-12-31的日期，格式为 YYYY-MM-DD
DATETIME	DATE和TIME的组合
TIMESTAMP	功能和DATETIME相同（但范围较小）
TIME	格式为HH:MM:SS
YEAR	用2位数字表示，范围是70（1970年）～69（2069年），用4位数字表示，范围是1901年～2155年

303

D.4　二进制数据类型

二进制数据类型可存储任何数据（甚至包括二进制信息），如图像、多媒体、字处理文档等（参见表D-4）。

表D-4　二进制数据类型

数据类型	说　　明
BLOB	Blob最大长度为64 KB
MEDIUMBLOB	Blob最大长度为16 MB
LONGBLOB	Blob最大长度为4 GB
TINYBLOB	Blob最大长度为255字节

 数据类型对比　如果你想看一个使用不同数据类型的例子，请参看附录B中样例表的表创建脚本。

304

附录 E

MySQL保留字

　　MySQL是由关键字组成的语言，关键字是一些用于执行MySQL操作的特殊词汇。在命名数据库、表、列和其他数据库对象时，一定不要使用这些关键字。因此，这些关键字是一定要保留的。本附录列出主要MySQL（自MySQL 5以后的版本）中所有的保留字。

ACTION	CASE	DATABASE
ADD	CHANGE	DATABASES
ALL	CHAR	DATE
ALTER	CHARACTER	DAY_HOUR
ANALYZE	CHECK	DAY_MICROSECOND
AND	COLLATE	DAY_MINUTE
AS	COLUMN	DAY_SECOND
ASC	CONDITION	DEC
ASENSITIVE	CONNECTION	DECIMAL
BEFORE	CONSTRAINT	DECLARE
BETWEEN	CONTINUE	DEFAULT
BIGINT	CONVERT	DELAYED
BINARY	CREATE	DELETE
BIT	CROSS	DESC
BLOB	CURRENT_DATE	DESCRIBE
BOTH	CURRENT_TIME	DETERMINISTIC
BY	CURRENT_TIMESTAMP	DISTINCT
CALL	CURRENT_USER	DISTINCTROW
CASCADE	CURSOR	DIV

DOUBLE	HOUR_MINUTE	LINES
DROP	HOUR_SECOND	LOAD
DUAL	IF	LOCALTIME
EACH	IGNORE	LOCALTIMESTAMP
ELSE	IN	LOCK
ELSEIF	INDEX	LONG
ENCLOSED	INFILE	LONGBLOB
ENUM	INNER	LONGTEXT
ESCAPED	INOUT	LOOP
EXISTS	INSENSITIVE	LOW_PRIORITY
EXIT	INSERT	MATCH
EXPLAIN	INT	MEDIUMBLOB
FALSE	INTEGER	MEDIUMINT
FETCH	INTERVAL	MEDIUMTEXT
FLOAT	INTO	MIDDLEINT
FOR	IS	MINUTE_MICROSECOND
FORCE	ITERATE	MINUTE_SECOND
FOREIGN	JOIN	MOD
FROM	KEY	MODIFIES
FULLTEXT	KEYS	NATURAL
GOTO	KILL	NO
GRANT	LEADING	NO_WRITE_TO_BINLOG
GROUP	LEAVE	NOT
HAVING	LEFT	NULL
HIGH_PRIORITY	LIKE	NUMERIC
HOUR_MICROSECOND	LIMIT	ON

OPTIMIZE	RLIKE	THEN
OPTION	SCHEMA	TIME
OPTIONALLY	SCHEMAS	TIMESTAMP
OR	SECOND_MICROSECOND	TINYBLOB
ORDER	SELECT	TINYINT
OUT	SENSITIVE	TINYTEXT
OUTER	SEPARATOR	TO
OUTFILE	SET	TRAILING
PRECISION	SHOW	TRIGGER
PRIMARY	SMALLINT	TRUE
PROCEDURE	SONAME	UNDO
PURGE	SPATIAL	UNION
READ	SPECIFIC	UNIQUE
READS	SQL	UNLOCK
REAL	SQL_BIG_RESULT	UNSIGNED
REFERENCES	SQL_CALC_FOUND_ROWS	UPDATE
REGEXP	SQL_SMALL_RESULT	USAGE
RELEASE	SQLEXCEPTION	USE
RENAME	SQLSTATE	USING
REPEAT	SQLWARNING	UTC_DATE
REPLACE	SSL	UTC_TIME
REQUIRE	STARTING	UTC_TIMESTAMP
RESTRICT	STRAIGHT_JOIN	VALUES
RETURN	TABLE	VARBINARY
REVOKE	TERMINATED	VARCHAR
RIGHT	TEXT	VARCHARACTER

VARYING	WHILE	XOR
WHEN	WITH	YEAR_MONTH
WHERE	WRITE	ZEROFILL

索　引

索引中的页码为英文原书的页码、与书中边栏的页码一致。

欢迎加入

图灵社区 iTuring.cn

——最前沿的IT类电子书发售平台

电子出版的时代已经来临。在许多出版界同行还在犹豫彷徨的时候，图灵社区已经采取实际行动拥抱这个出版业巨变。作为国内第一家发售电子图书的IT类出版商，图灵社区目前为读者提供两种DRM-free的阅读体验：在线阅读和PDF。

相比纸质书，电子书具有许多明显的优势。它不仅发布快，更新容易，而且尽可能采用了彩色图片（即使有的书纸质版是黑白印刷的）。读者还可以方便地进行搜索、剪贴、复制和打印。

图灵社区进一步把传统出版流程与电子书出版业务紧密结合，目前已实现作译者网上交稿、编辑网上审稿、按章发布的电子出版模式。这种新的出版模式，我们称之为"敏捷出版"，它可以让读者以较快的速度了解到国外最新技术图书的内容，弥补以往翻译技术书"出版即过时"的缺憾。同时，敏捷出版使得作、译、编、读的交流更为方便，可以提前消灭书稿中的错误，最大程度地保证图书出版的质量。

优惠提示：现在购买电子书，读者将获赠书款20%的社区银子，可用于兑换纸质样书。

——最方便的开放出版平台

图灵社区向读者开放在线写作功能，协助你实现自出版和开源出版的梦想。利用"合集"功能，你就能联合二三好友共同创作一部技术参考书，以免费或收费的形式提供给读者。（收费形式须经过图灵社区立项评审。）这极大地降低了出版的门槛。只要你有写作的意愿，图灵社区就能帮助你实现这个梦想。成熟的书稿，有机会入选出版计划，同时出版纸质书。

图灵社区引进出版的外文图书，都将在立项后马上在社区公布。如果你有意翻译哪本图书，欢迎你来社区申请。只要你通过试译的考验，即可签约成为图灵的译者。当然，要想成功地完成一本书的翻译工作，是需要有坚强的毅力的。

——最直接的读者交流平台

在图灵社区，你可以十分方便地写作文章、提交勘误、发表评论，以各种方式与作译者、编辑人员和其他读者进行交流互动。提交勘误还能够获赠社区银子。

你可以积极参与社区经常开展的访谈、乐译、评选等多种活动，赢取积分和银子，积累个人声望。

- 亚马逊五星畅销书!
- SQL菜鸟晋级必备,资深数据库工程师总结的实用宝典
- 72张图表 + 186段代码,明示各RDBMS的异同

书号:978-7-115-32269-2
定价:69.00 元

- 畅销全球的数据库入门经典
- 麻省理工学院、伊利诺伊大学等众多大学参考教材
- 让你在通勤的路上就可以掌握SQL
- 专门开设了网站http://forta.com/books/0672336073/,提供下载、勘误和答疑论坛

书号:978-7-115-31398-0
定价:29.00 元

- Oracle ACE与OakTable团队专家合力打造,实用典范
- 畅销书升级,针对Oracle 12c进行了大幅修订,以反映技术的最新发展动态

书号:978-7-115-35166-1
定价:99.00 元

- Ask Tom!数据库技术大佬经典畅销书新版,针对12c版本,阐述云架构之美
- Oracle中国架构师和研发人员倾心翻译
- 不止于技,更传授道,值得你一读再读,公认的Oracle数据库权威指南

书号:978-7-115-41957-6
定价:149.00 元

延 展 阅 读

- MySQL与MariaDB之父Monty Widenius作序推荐
- 领你走上使用数据库的正确之路，助你迈入专家行列
- 以生动的语言和翔实的示例分析带你领略数据库设计和数据管理的方方面面

书号：978-7-115-43571-2
定价：79.00 元

- MariaDB和MySQL创始人Michael "Monty" Widenius亲笔作序推荐
- 一本书搞定MariaDB 10.0和MySQL 5.6

书号：978-7-115-40908-9
定价：89.00 元

- Amazon PHP畅销书
- PHP & MySQL开发经典之作
- 全面、实用、详尽

书号：978-7-115-25352-1
定价：89.00 元

- 高性能开源数据库实用指南，涵盖PostgreSQL 9.2、9.3和9.4版
- 极佳的PostgreSQL快速上手指南
- 第2版涵盖了LATERAL横向关联查询语法、增强的JSON支持、物化视图机制以及其他重要功能特性

书号：978-7-115-41128-0
定价：59.00 元